ARCHITECTURE

建筑环境配景表现技法
与手绘钢笔画图例

赵 忠 赵慧宁 / 著

东南大学出版社 | 南京

内容摘要

设计师的作品在诞生之前必然有一个从构想到成品落成的过程，而建筑表现画是设计师构思前期设计方案的重要阶段，也是表达其初步设计构想的主要方法之一，建筑配景作为建筑表现画中的重要内容，是决定建筑表现画成功与否的关键因素。

本书作者结合自己多年的教学实践，以及大量中外建筑表现画的理论研究，对建筑表现画的基本原理、特点和功能做了全面的论述和总结，对从业者具有很强的指导性和实践性。

建筑画中的天空、树木、草地、石景、水景、铺地、人物以及建筑材质等配景与建筑主体能否共同构成一幅完整的建筑表现画，是决定建筑表现画好坏的关键。如何画好建筑表现画，并从中找到规律、技巧以及诀窍，作者亲身实践，分门别类，以步骤详图的形式，为读者解析表现与技法的实际问题。本书的一大特点，是不同配景的单个步骤画法尽量放在场景中去讲解。这既有助于学习技法，又便于初学者临摹。因为不同单体配景在不同场景中的画法既有相似，又有不同，所以其线条处理既要显示其本体特点，又要和整个画面的风格相统一。

本书可以作为艺术设计类专业和建筑环境专业学生的学习用书，也可作为专业教师的参考资料，同时对于爱好钢笔绘画的朋友，更是大有助益。

图书在版编目（CIP）数据

建筑环境配景表现技法与手绘钢笔画图例 / 赵忠，赵慧宁著. —2版. —南京：东南大学出版社，2021.6
　ISBN 978-7-5641-9531-1

Ⅰ. ①建… Ⅱ. ①赵… ②赵… Ⅲ. 建筑画–钢笔画–绘画技法 Ⅳ. ①TU204

中国版本图书馆CIP数据核字（2021）第100137号

建筑环境配景表现技法与手绘钢笔画图例
JIANZHU HUANJING PEIJING BIAOXIAN JIFA YU SHOUHUI GANGBIHUA TULI

著　　　者	赵　忠　赵慧宁
出 版 发 行	东南大学出版社
社　　　址	南京四牌楼2号 邮编：210096
出 版 人	江建中
责 任 编 辑	顾晓阳
网　　　址	http://www.seupress.com
经　　　销	全国各地新华书店
印　　　刷	江苏扬中印刷有限公司
开　　　本	889mm×1194mm 1/16
印　　　张	13
字　　　数	400 千
版　　　次	2021年 6 月第 2 版
印　　　次	2021年 6 月第 1 次印刷
书　　　号	ISBN 978-7-5641-9531-1
定　　　价	58.00 元

本社图书若有印装质量问题，请直接与营销部联系，电话：025-83791830。

前　言

建筑设计隶属于造型艺术设计，和文学、音乐的表达方式不一样，其设计构思是设计师经图解的形式，通过二维平面来展示不同层次的立体形态，从而向委托人或甲方传递设计意图。好的建筑表现画可以为委托人和施工方呈现较为真实的空间环境和具有质感的造型效果，从而方便设计师在不同的阶段更好地与客户和施工方进行深入探讨和研究，从而不断完善设计作品。所以，要想成为一名优秀的设计师，必须具备良好的手绘表现画的能力和技能。

一幅好的建筑表现画既要准确地表现建筑主体的特征，又要展现可以烘托主题的空间氛围。而气氛的营造，就需要有生动且丰富的各种建筑配景的衬托。在建筑表现画中，建筑主体的造型相对比较简洁、概括，很少有变化多端的轮廓和结构细节。如果配上诸如草木、树丛、天空、人物、石头、水景等生动而丰富的配景，定能营造出一幅完美的建筑表现画。所以，我们应该深入具体地研究各种不同类型的配景画法。

钢笔画技法是建筑表现画的基础。对于设计师而言，是构思草图、绘制方案以及快题设计的必备技能。对初学者而言，其绘制方法，又有别于传统的明暗素描，有着其独有的表现手法。本书以大量实例和步骤详图较为完整地阐述了各种类型配景的钢笔画技法，可以作为建筑以及艺术设计类学生的技法基础教材，能很好地训练并提高学生设计表现的能力，

希望此书的出版发行，可以满足相关专业学生的学习需求，同时对提高设计者的设计意识和素质能有所助益。

目 录

第一章

概 述

和其他以表达主观意识的绘画艺术相比，建筑表现画具有很强的专业性和实用性，是建筑师和环境设计师用来表现其设计构思和应用效果的带有一定制图性质的表现画。

建筑表现画的涵盖内容非常丰富。大到建筑群体、城市规划的表现，小到建筑的某个局部的细节，甚至单个家具的结构节点。在空间关系的表达上，不仅可以表现建筑外观造型以及建筑单体与其外部的空间关系，还可以表现建筑内部的室内空间。因此，学好建筑表现画是城市规划设计、建筑设计、室内设计、环境设计专业必备之技能。建筑表现画技法已经成为一门具有普遍意义的基础性学科。

建筑表现画的种类大致可分为两种：第一种，按颜色分为单色类和色彩类。第二种，按绘画工具大致可分为钢笔画、水彩画、彩铅画、马克笔画、水粉画等，而钢笔画是所有建筑表现画种类的基础。本书只是单纯以钢笔画技法来阐述建筑环境的配景绘制技法。

钢笔画是通过线描来表现的。运用不同粗细、疏密、曲折等变化的钢笔线条，可以表现单纯的明暗、黑白关系，进而表现建筑及配景的体积、空间和质感等形象。也可以用线条的形式来提炼建筑的结构关系以及建筑的透视效果。这种绘画形式，不仅具有较强的图学性质，而且方便、快速、准确，其应用面非常广泛。

建筑表现画的特性

1.

同其他种类的绘画艺术相比，建筑表现画具有以下几种比较突出的特性：

一、科学性

一般常见的绘画艺术，虽然在绘画时，也遵循科学的绘画规律，但其最终的成品，既可以写实，也可以变形，往往带有强烈的主观情感因素。为了达到艺术家追求的"艺术的真实"，在专业艺术创作过程中，对于情感的表现，往往会超越对于科学理性的表达。而建筑表现画则与常见的绘画有所不同，其表现的内容，往往要追求真实的科学性。对于所谓的情感表达，一般体现在画面的美感表达上。在绘画表现时，必须遵循透视绘画的规律，体现出表现技法的科学性和理性的原则特征。建筑表现画要求从业人员必须具备一定的透视技法、色彩表现、明暗表达和构图技巧等方面的专业知识，以便能更准确且真实地表现建筑表现画的内容。

二、真实性

建筑表现画是为最终的设计产品服务的。它所表现的是未来建成后的实际建筑形象。任何夸张、变形等随意性的主观表现，都是不被允许的。其作品要求准确完整、客观真实地再现建筑形象。最终画面的完成，应符合建筑工程结束后的真实效果，并尽量表现出设计者的原创真实情景，这也是建筑表现画与一般主观性绘画的最大区别。

三、专业性

建筑表现画和其他任何绘画种类一样，都必须要具备一定的造型能力。其造型表现的规律和美感形式也是基本相同的。所以，和其他造型艺术一样，培养造型能力和打好美术基础，同时不断提高自己的艺术素养，是学好建筑表现画的基础。

但是，也应当指出，建筑表现画是专业性很强的绘画，是专业的建筑设计、环境设计人员用来表达其设计意图和构思效果的一种具有很强应用性的绘画。其所表现的主要内容是建成后的建筑物形状、色彩、环境氛围、光影效果、风格特征以及建筑所处的内外环境。其功能主要是为建筑设计和环境设计服务的，是一种面向建筑业和环境设计行业的专业性绘画。

四、制图性

建筑表现画有一个重要特点，就是要求透视准确。在某些表现画中，为了追求准确，甚至可以使用工程制图用的仪器作画。这就和艺术性绘画有着巨大的区别。常见的艺术性绘画从起笔到最终创作的完成，都不是用专业仪器作画的。因为创作型的绘画讲求的是情感的自由流露和用笔的随心而动，使用仪器将会使绘画作品变得刻板、呆滞。为了追求画面形象的真实感和准确性，在建筑表现画技法中，也包含了一些建筑工程制图的方法。

因此，鉴于建筑表现画对透视准确性的要求，使得建筑表现画又具备某些制图的特性。

五、超前性

建筑表现画是设计师的前期构想和方案的呈现，是现实中没有的，只有未来才可能实现的内容。因此，和一般的写生和临摹的绘画不同，建筑表现画是无法照着现有对象进行摹写的，它是设计者创造的待为实现的理想实物形态，具有时空意义上的超前性。

但是，对于学习者而言，初期的写生和临摹阶段，是培养自己观察分析能力、锻炼绘画技巧、提高建筑画表现能力所不可回避的重要过程，不应该把平时的写生和临摹与具有透视性的建筑表现画割裂开来对待。

建筑表现画的作用

　　具有美感和艺术化表现形式的建筑表现画，相较于单纯的建筑工程制图、枯燥的文字说明以及逼真的建筑模型而言，其丰富多彩的表现形式，以及呈现出的直观性、生动性、真实性和艺术性，更能引起使用者的兴趣和关注。它是建筑设计的重要组成部分，是设计师表达设计意图和提升设计实践的必备技能。因其能真实、准确且艺术性地表达设计师的构想和展示效果，从而具备了独有的审美功能和重要作用。

建筑表现画的重要作用大致分为以下四个方面：

一、方案阶段可以表现设计的真实效果

一幅好的建筑表现画，不仅能真实、准确且艺术性地再现构思好的作品的外观形态、材质、色彩、空间氛围等，而且还能使设计师通过画面进一步分析设计方案的功能特效、风格、样式、施工技巧、经济效益、时代特征等。虽然现代的招标单位、施工方以及相关审查部门对方案确定后的真实的效果图要求很高（一般都要求电脑绘制的逼真效果图），但是，前期方案构思阶段的手绘建筑表现效果图更为重要。因为在和相关团体以及招标单位进行前期沟通时，直观真实的手绘表现图要比单纯的文字和语言交流更具有说服力和吸引力。

二、便于收集相关资料

设计师在构思方案前，都要翻阅大量参考资料，收集素材，拓展思路。在这个过程中，除了利用扫描仪、照相机等工具记录外，主要就是利用手绘图等速写手法来记录素材。通过手绘的草图，设计师不仅能够收集相关资料，还能即时记录下阅读参考时的灵感和想法，从而为下一步的设计打下基础。

三、表达前期设计构思

在建筑设计的前期阶段，设计构思往往占用设计师的大量时间和精力。此时，会有许多想法和灵感不断涌现。这就要求设计师快速、准确、真实地表达出自己的精妙构思。而许多优秀的前期设计方案往往都是从效果表现草图中演化而来的。这种徒手绘画的快速表现能力，需要设计师具备相当的熟练程度和必备技巧，从而可以随心所欲地表现出自己构想的空间形象和真实效果，并能做到比例尺度和透视关系的基本正确。

在设计构思的最初阶段，虽然离不开对平、立、剖各方面关系的推敲和分析，但最终对建筑立体形象的分析和评价才是起决定作用的。所以，具有透视立体效果的建筑表现画对表达前期设计构思具有很重要的作用。

四、方便直观地推敲设计方案

一个成熟的设计方案，前期都要经过反复斟酌和推敲。当方案构思基本成熟后，设计师就要把方案构思通过具有透视效果的表现图来直观地展示，并反复推敲，以便和设计团队及相关人员沟通交流和评判，从而获得更好的改进意见。这些带有透视效果的手绘表现图，虽然简洁、快速、方便，但却需要相当高的表现技巧和长期的磨炼过程。

建筑表现画的基本原理与方法 1.3

一、形体透视

建筑表现画的真实性和准确性，主要是通过形体轮廓的透视体现出来的。形体透视的结构关系、尺度比例应和设计的构思方案大体一致。只有这样，才能确保建筑表现画与构想的作品形象相一致。因此，建筑表现画需要透视的准确，这样才能真实地反映出设计师的方案，以便反复推敲和比较。

和一般的艺术性绘画不同，建筑表现画中的建筑大多是由具有几何特征的形体组合成的，透视稍有不对，画面上的形体结构就会被放大性地扭曲。因此，画好建筑表现画，必须掌握并学好透视学的相关基本原理和方法技巧，学会用科学的方法来描绘建筑物的形体轮廓透视。

建筑形体透视的准确是建筑表现画的基础。但形体透视角度的选择更为重要，它往往是最能体现设计师构思意图和展现表现效果的重要因素。建筑表现画的目的就是要用最佳的透视角度来表现设计的方案内容；同时，好的透视角度的选择，也能成就出一幅好的建筑表现画。

二、形体轮廓与线描

在建筑表现画中，形体透视是通过轮廓表现出来的。轮廓的准确表达是绘画时必须要解决的问题，也是表现建筑形象的最基本要素。它的准确与否直接决定着建筑形体的尺度比例和透视的准确与否，以及画面整体形象的好坏。

建筑形态一般由外轮廓和内轮廓两个方面构成。外轮廓常指建筑形体外观的结构形态；内轮廓泛指由外观轮廓构成的建筑表面上的凹凸转折形态。无论是外轮廓还是内轮廓，在建筑表现画中，通常都是用线描的方式来描画的。这就形成了线描画中的"外轮廓线"和"内轮廓线"。

这里的线描和我国传统绘画中的线描有点类似，都具有概括、清晰、明确的特点，在需要体现透视的建筑画中可以准确并概括地表现出建筑形态。具体到建筑表现画中，内、外轮廓线描的表现方式可能有所不同。建筑外观的线条一般明确、肯定、清晰。建筑表面的内部轮廓线条可能较复杂，变化也较多。远近不同的建筑轮廓线描，因透视关系，远的建筑线描更概括，有断续感；近的建筑线描更肯定、连续，有加重感，从而能更好地表现空间的纵深感。同一幅画中，对于不同性质的景物轮廓，线描表现也可以不同。如植物、草丛等自然形态的轮廓线条，宜用短的曲线、抖线来表现其柔软的外观；天空中云的轮廓，可以采用轻松的圆弧曲线来表达出飘逸的形状；不同形状的石头轮廓，可以采用粗细不同的线条组合来表达出粗犷的质感；而建筑外观轮廓可以用粗细均等且没有变化的线条来表现人造建筑物的理性和工业感。总之，在绘制表现画时，需要仔细观察和冷静分析，用各种不同线条的表现方式综合表现不同特性的景物形体，从而使整个画面既生动美观，又整体统一。

在建筑表现画中，线条的表现形式大致可以概括为以下三种：

1. 粗细均匀的线条表现

这种画法常见于较为写实的细腻画中。画面中任何部位出现的线条，其粗细都是相等的。这有点类似中国传统工笔绘画中的白描线条。画面中的表现内容主要是通过线条的长短、疏密、曲折等变化来表现。在用钢笔作画时，应先检查工具是否落纸时出水稳定；下笔时应保持起始状态的轻重程度的统一；注意线条接头处的无痕处理。尽量做到线条的横平竖直、曲线圆润和粗细均匀。

线条粗细相等，虽然可以很好地概括出内、外轮廓，但是，在表现空间层次和物体的明暗转折方面，有着明显的局限性。为了弥补这一缺陷，在建筑表现画中，常常会用粗细线条相结合的方式来表现。

2. 粗细结合的线条表现

所谓粗细结合，就是在同一幅画面中，对于物体不同部位、不同位置的轮廓、转折、明暗区域等，根据画面的整体效果，采用线条粗细不同的描绘方式来处理所画的对象，从而更有效地突出画面的立体空间感，加强整体效果，使画面更加生动，层次更为分明。

在强调透视感的建筑表现画中，这种方法可以增强画面的表现力。因此，此法不仅被用在常见的建筑表现画中，同时也常被用在建筑细部大样、平面植物符号和建筑立面上。运用此种画法时，应仔细分析所绘对象，根据对象在画面中的位置、自身的特性以及与周围其他物体的材质对比等要素，来确定线条粗细的运用。用笔应保持线条的流畅，粗细线条的转换要自然，粗细程度的控制要恰当，从而达到画面最终效果的统一。

3. 粗细、曲折、轻重、缓急、疏密、虚实相结合的线条表现

在某些含有丰富场景和内容的表现画中，如包含建筑、灌木、树丛、石块、水体以及天空云朵等场景，单纯使用粗细线条的结合方式是不能很好地表现各种景物的。为了能够在同一画面中很好地表现不同类型的景物，就需要采用诸如粗细、曲折、轻重、缓急、疏密、虚实相结合的线条表现技法来表现不同景物所反映出来的不同特性，同时，还需用艺术性手法将其很好地统一在一个整体中。

具体运用时，我们一般采用以下方法：用粗线、重线、实线来表现物体的外轮廓、前景的物体、体块转折明显处以及质感较硬的物体；用细线、轻线、虚线来表现物体的内轮廓、远景的物体、体块转折柔和处，以及质感较软的物体。对于自然界中的某些景物，如花草、树木等各种植物，就可以用线条的曲折、疏密、虚实的手法来表现其自然形态的外轮廓、明暗体积关系和远近层次。对于有动感的景物，如流水，可以用急促的线条来表现瀑布跌落的状态，用舒缓流畅的线条来表现缓缓流动的溪流。这种表现技法虽然较为复杂，但是却可以生动地表现出各种物体的内在质感和不同量感。

总之，综合运用线条的各种技法，并且能够熟练灵活地掌握它，就一定能画出精美且具有艺术性的建筑表现画。

三、明暗与光影

在建筑表现画中，无论是表现室内景物还是室外景物，都要假定所有的物体是在光的作用下，其形体结构会呈现一定的明暗变化。这对表达物体的体积感和空间层次感具有重要作用。尤其是在透视要求精确、真实性很强的建筑表现画中，对明暗关系和光影变化的表现要求更高。因此，明暗关系、光影变化和其处理技巧与相关知识，是绘画者必须要掌握的。

具体到建筑表现画的步骤，就是在确定好构图并画出景物的透视轮廓后，接着就是表现景物的明暗关系和光影变化。物体在光线照射下，分为亮面、灰面、明暗交界线、暗部反光和投影。在绘画表现时，应当根据科学的方法来确定各个面的大小和区域，并通过各个面的退晕过渡的明暗变化，准确地表现出光影关系，从而真实地表现出景物的体积空间感。

景物的受光面，是受光线照射面积最大的地方，调子也最淡，有的质感较为光滑的物体，还要表现出"高光"，也就是亮部受光的焦点区域。灰面是景观物体受光侧面照射的地方，也是明暗交界线过渡地带，明暗的层次变化也较为丰富。明暗交界线往往表现景物的形体转折，明暗对比强烈，这里的调子也显得更深。暗部反光主要是指景物的背光面受周围物体的反射所产生的反光。作为暗部的一部分，调子一般要比灰面深。投影就是景物在光线照射下的阴影，其深浅变化，主要表现在边缘线区域的处理——近处清晰，远处渐渐模糊。

在表现带有真实感的透视建筑画中，退晕手法的运用，往往更能加强光影和明暗的过渡变化。运用退晕技巧，可以使各个面的明暗变化更加均匀和自然，尤其对于表现含有光感和空气深远感的物体，有很大的促进作用。

四、材料质感和色彩的表现

无论是空间环境中的自然景物形态，还是人为加工制造的建筑形态，除了形状轮廓不同之外，区别最大的就是表面的材料质感和色彩了。所以，除了光线明暗和物体的透视轮廓外，材料质感和色彩也是人们在空间中认知和体验物体的关键视觉要素。建筑材料的质感和表面色彩，对感知外观效果和空间感受有着直接的影响。

材料质感与表面色彩是一个整体，彼此之间互相影响，有着经济、美学、光学以及功能的要求，是认知空间环境的重要因素之一。正确地表现出材料的质感和色彩，可以使画面中的形象更加真实、生动。因此，研究质感和色彩的表现方法，对画好建筑表现画尤其重要。

五、画面构图以及焦点、重点、虚实关系的处理

画面构图主要指建筑表现画中的画面结构和布局，反映的是画面中各种表现元素之间的搭配结构和联结关系。建筑表现画的构图有着自身的形式表达规律，除了有对比、均衡、统一、节奏、韵律等形式规律外，还有三角形构图法、四角形构图法、九宫格构图法、十字构图法、井字构图法和米字构图法等常见的构图方法。好的画面构图，可以增强画面表现力，使重点突出，同时强化画面的焦点主体，并优化画面的整体意境。

画面中的不同物体，和它们在真实的空间环境中一样，都不是孤立存在的，它们之间都会对自身的高低尺度、明暗色彩等各个方面产生相互影响。因此，在表现时，应把表现的对象放在整体环境中观察，既要注意自身的完整塑造，又要把它和整体环境视作相联系的有机整体。

整体观察和处理，不是指把画面中的各个部分均等对待，而是应该在构图中有焦点地呈现。绘画时应该有重点处理和虚实变化，否则，整个画面就会流于呆板、平庸。画面有焦点，就会形成画面的主体；有重点和虚实，就会丰富画面的远近和层次，增强体积空间感。正确处理焦点、重点和虚实的关系，是画好建筑表现画必不可少的技法之一。

六、画面的配景和生动场景的气氛营造

建筑表现画中的建筑是画面中的主体和表现的重点，真实地表现建筑主体固然重要，但是，要使画面生动自然并富有活力，就必须增加建筑配景的表现。具体表现时，应遵循构图的形式美规律，既不能让建筑主体孤立地存在，与周围没有任何关联，又不能让配景喧宾夺主，应尽量做到主体与背景的关系恰到好处，力求建筑主体与环境的完美统一。

要想使画面生动且有活力，就必须添加与人有关的活动和表现，如：外部环境中的交通工具；可供人们欣赏的花草树木、假山步石；不同状态下的水景呈现以及不同距离下的人物动态表现等。这些内容的塑造可以和建筑主体共同构成一幅生动和谐且情景丰富的建筑表现画。

第二章

建筑环境配景表现技法与图例

建筑表现画的主体是建筑。主体建筑的真实性表达，除了需要其本身的比例、尺度、透视、材质等要素准确外，还需要表现出真实的整体空间氛围。而配景就是建筑表现画中烘托主体建筑、增强空间远近层次、活跃整体空间氛围以及美化艺术效果所不可缺少的重要内容。配景的表现不仅能突出主体建筑，而且还能艺术性地再现建筑所处的真实环境以及与规划相关的地形、地貌及周围的交通路况等情景。

作为设计方案和构思的重要环节，在最终展现建筑表现画时，不仅要求主体建筑的各种形态、质感、尺度、比例是真实的，同时也要保证与之相关联的配景亦是真实的。所以，正确地表现配景，学习表现各种配景的绘画技巧，同时掌握各种空间环境下的配景表达方式，是最终能真实并艺术性地完成一幅优秀建筑表现画的关键。

在表现配景时，初学者经常会出现与表现主体建筑相矛盾的问题。如在构图阶段，没有把主体建筑与配景放在一个整体中去考虑，往往会产生主体与配景体量的失衡，这就导致了有时配景过于突出，削弱了主体表现，使画面不平衡，整体风格得不到统一；有时又过于强调主体，使画面呆板，不够生动。还有就是在表现技法上，既要做到整个画面的统一协调，同时又要做到表现不同类型景物的质感和远近层次时在技法上有所变化。

建筑画的配景主要包括天空、树木、草地、石景、水景、人物、地面与道路铺地、交通工具等内容。本章通过对以上内容的详细解析及演示，深刻剖析各种类型的配景在不同环境下的表现技法。

天空中云的画法

第二章　建筑环境配景表现技法与图例

　　在表现建筑外观的效果时，天空是必不可少的。其面积大小的占比，决定着整个画面的构图。而天空中的云朵表现，则决定着整个画面的整体效果。钢笔画的天空表现与其他种类的绘画有所不同，主要是运用不同线条表达的云朵来表现天空的透视和深远感。在具体表现手法上，可以归纳为写实画法和装饰画法两种。

　　云朵的写实画法可以增强天空的空间感，而装饰画法更趋简洁和概括。天空中云朵的形态千变万化，姿态万千。随风飘动时，可产生各种大小、明暗起伏等变化。要想抓住云朵的主要特征，首先要理解云的形态构成。云的形态主要分为三种，即如羽毛状飘逸的卷状云、相互重叠的层状云和具有独立形态的积云。深刻理解云朵的形态，并学会归纳处理，可以避免作画时的手足无措，否则会经常出现杂乱无序、主次不分，以及破坏云的体积和空间感等错误。在表现天空的空间感时，要根据云朵前后左右的不同位置变化来决定线条的表达方式。近处的云朵体积感较强，明暗层次较多，线条也较密集；远处的云朵形态更为飘逸，体积感也较弱，明暗对比不强，线条处理亦更概括和稀疏。

　　总之，无论哪种表现手法，都必须做到和整体画面的统一协调，不能因过分追求天空云朵的明暗变化而破坏了画面的主体。

2.1.1 单线画法

此天空中的云彩采用简洁的线条，根据整体画面的构图进行穿插处理，用笔应该流畅放松。

2.1.2　排线画法

　　天空背景中的云朵采用线条排线的方式处理，排线应该有松有紧、有疏有密，以表达云朵的深浅变化。

.1.3　装饰画法

此种天空的背景采用了具有装饰手法的云彩处理方式，简洁、凝练，处理时要根据整体画面来处理云彩的黑白比例。

2.1.4　乱线画法

此种为用笔较为随意的云朵表达手法，用笔看似轻松随意且凌乱，但其手法更适宜表现大面积的云朵。

.1.5 明暗画法

天空中云的轮廓线采用轻松自如的短小虚线，以表达云朵外形的轻盈虚化，同时运用明暗变化来表达云层的深远感。

树木的画法

　　我们生活的城市空间离不开树木，它使我们融于自然、身心愉悦。建筑表现画中的树木，就像我们真实生活空间中的树木一样，也是不可或缺的。画面中的树木，不仅可以通过自身的比例、尺度、颜色、材质来衬托主体的真实性和增强空间的透视感，还可以通过不同树种的姿态表现，与理性人工化的建筑主体形成动静对比，从而使画面更生动有趣。

　　初学者，甚至有一定造型基础的绘画者，用钢笔线条来表现姿态万千、变化多端的树木形态时，常常感到非常困难、不知所措。它不像铅笔，可以通过明暗调子的变化来表现；也不像色彩，可以通过色彩的冷暖和纯度去呈现。钢笔画只是单纯地用没有深浅和颜色变化的线条来表现不同树种、不同远近和姿态的树木。钢笔画在表现树木时，主要是通过线条的粗细、疏密、虚实、长短、急缓等变化，对树木的树冠、树叶、树枝、枝干进行意象性的用笔。所谓意象性，就是对复杂的树叶形状、枝干形态等，不必面面俱到、处处真实，只是意象性地概括处理，做到象征性的感知正确就可以了。

　　要想画好树木，正确地感知不同树种的姿态特性，首先就要对建筑表现画中经常出现的树木种类和特点有所知晓。常见的树木种类有：针叶树、常绿阔叶树、落叶树、热带树等。针叶树，树叶如针，细小密集，外形多呈宝塔形，如山松等；常绿阔叶树，树叶较为密集茂盛；结构紧凑，树形如伞，如香樟树等；落叶树，树叶稀疏，结构松散，树枝侧展，如银杏树等；热带树，最大特点就是其宽大的叶形，如椰子树等。表现树木时，对于画面中需要强调树种特征的树木，应该尽量表现出其形态、体积、结构、层次，如近景、中景的树木；有些表现画不必过于强调每种树木的品种和特征，只需概括处理，如远景和画面边缘处的树木。对于树木类型的选择，应根据画面主体的形态综合考虑，如构图中主体建筑的体量和占比较小，使得画面空白较大，就可选择树叶茂盛、树冠较大的树种。反之，如若表现结构细节详尽且精美的主体建筑时，就需慎重选择树种，并在表现时偏于概括，以免影响主体，造成画面失衡。

　　作为配景的树木，不仅可以衬托主体，还可以通过近、中、远景中不同距离树木的表现来增加空间的层次，加强整个画面的透视远近。如近景的树木，往往刻画得较为详细，明暗对比也较强，有明显的体积感；中景的树木和主体建筑最为接近，可以遮挡局部的建筑，稍加明暗和投影，使其产生真实的透视距离感；对于远景的树木，要概括处理，尤其要注意树的轮廓变化应轻松自然，明暗也只是平面化的涂抹，从而进一步凸显出画面的纵深感。

2.2.1　平面树的画法

平面树主要用于各种建筑设计、规划设计的平面布局图中。表现方法多以装饰性的线条造型为主，常由以同心圆或偏同心圆为轴心的各种形状的直线或弧线组成。平面树的形状各异，应根据设计布局的需要来选择。以下是常见的几种平面树的画法：

・针叶树

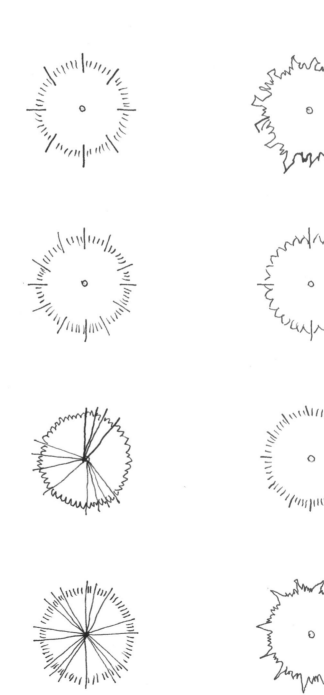

· 常绿阔叶树

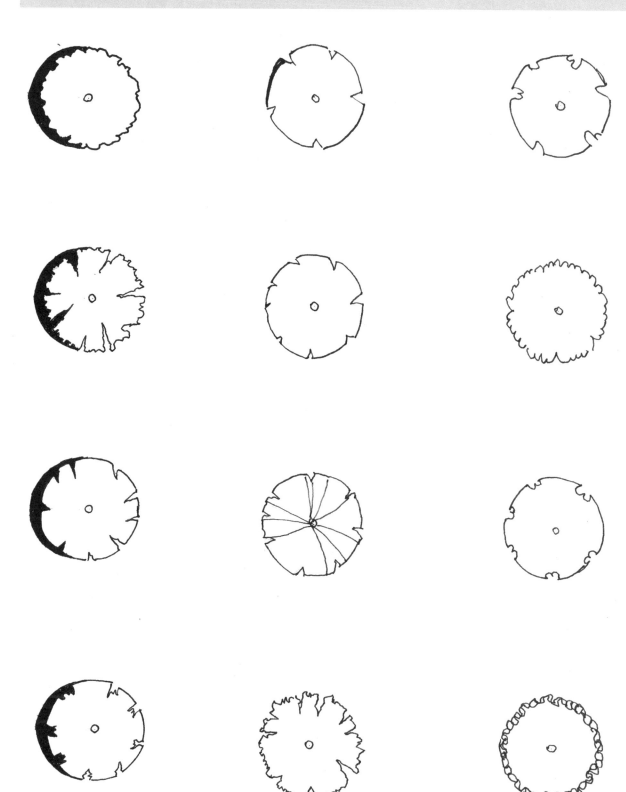

· 落叶树

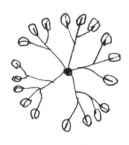

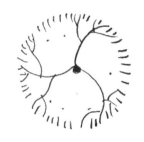
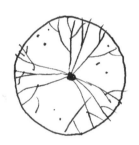

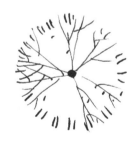
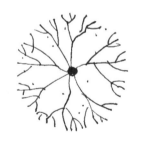

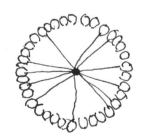
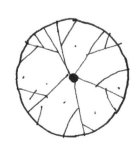

· 热带树

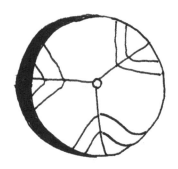
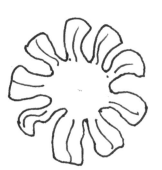

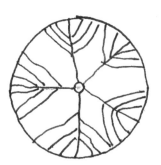

· 树丛

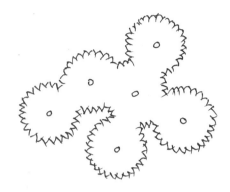

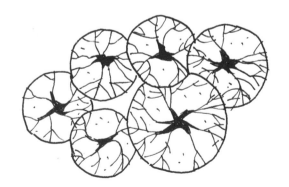

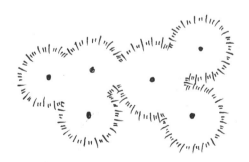

2.2.2　立面树的画法

立面树常见于建筑设计的立面图中，其表现方法是将大自然中的树加以概括、夸张、简化，运用点、线、面的黑白相间、疏密对比，并用装饰画法抽象地表现树木的立面造型，从而突出建筑主体的艺术效果。其表现形式一般分为轮廓型、枝叶型、枝干型，具体运用时应根据立面图的构图需要来选择。

· 轮廓型

· 枝叶型

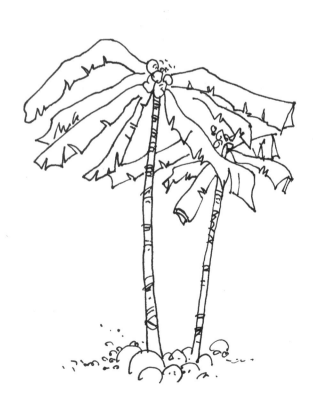

· 枝干型

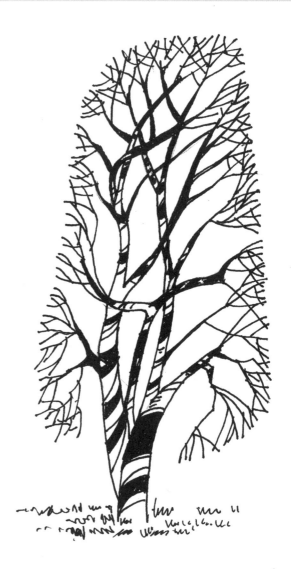

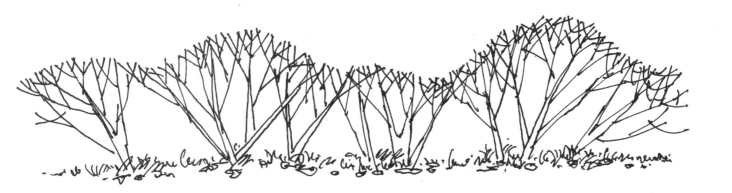

2.2.3　透视与枝干叶树的画法

透视与枝干叶树多见于有透视且真实感较强的建筑表现画中。在表现手法上应根据不同的树种，用不同的线条表达方式来刻画其树冠、树叶及枝干，并以写实的手法表现树木的透视和明暗体积关系，从而与整个画面协调并更好地突出建筑主体。下面就以树叶、树枝和树干、树冠，以及表现画中常见的针叶树、常绿阔叶树、落叶树、热带树为例，用图例演示的方式，具体阐述透视与枝干叶树的画法。

·树叶的画法

不同种类的树造就了各种形状的树叶，而树叶的形态又决定了树冠的造型。树叶的疏密决定了整体树冠的茂盛程度，从而形成每棵树的独特形貌。在画树叶的时候，运用特定的树叶形态以及树叶的疏密关系，可以绘制出不同种类的树冠，以下是不同种类的树叶形态：

梧桐点叶

菊花点叶

松叶点叶

攒三点叶

垂藤点叶

破笔点叶

胡椒点叶

平头点叶

垂头点叶

仰头点叶

介字点叶

椿叶点叶

个字点叶

聚散椿叶点叶

· 树枝和树干的画法

　　作为树的骨架，画树干和树枝时要留意树枝生长的趋向，抓住树木的主要特征和动态趋势，下笔应有轻重缓急，并注意用笔的粗细、轻重、远近，尤其是疏密关系要考虑到，笔触要自然、放松。

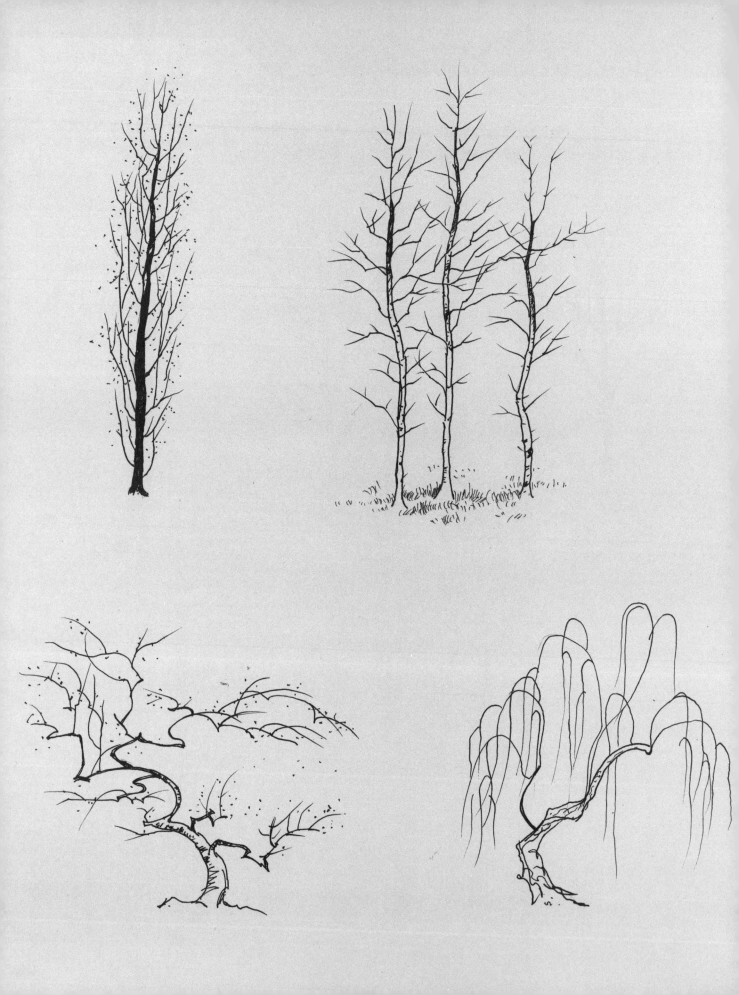

· 树冠的画法

　　我们在观察树的时候，总是先看到它庞大而碧绿的树冠。对于树而言，枝干是树的骨架，由充满生机的叶子组成的树冠就好比是树的肉，其形态决定了树的茂盛程度。不同种类的树会呈现出不同形态的树冠，就好比不同的人有着不同的容貌。在画树冠时，要抓住其主要的形态。

　　树冠的形态通常可以分为以下三种：圆锥形、球形和集群形。

·针叶树的画法

　　针叶树是树叶细长如针的树，多数为常绿树，常见的有松柏类。其形态多为宝塔形，树叶细小密集，画时要注意整体树型的姿态。

基本作画步骤与方法如下：

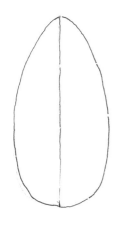

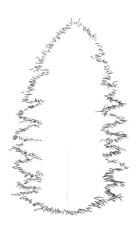

1. 先框画出树型的大致轮廓，定好在画面中大体的位置。

2. 根据树叶的形状特征，用不规则的抖线画出树冠左边的外轮廓。因为针叶树的树叶成针状，所以画向外的抖线可以尖硬一些。

3. 完成树冠的整体外观轮廓，将整棵树的外观画好后，注意左右两边不要完全对称。

4. 画出树上的明暗交界线，用抖线区分出树冠的明部与暗部区域。

5. 在树中间的空隙处画出隐约出现的树干，使整棵树更加生动并且有层次。在画树干时，可画出前后树叶的遮挡关系，并注意树干是否在一条竖直线上。画到这个程度，已经可以作为建筑环境的配景存在了，至于下一步的阴影关系的塑造，可根据主体建筑的绘制程度来决定。

6. 进一步画出树冠与树干的细节，
添加阴影，增强树的体积感。

不同叶子形状的表现方法：

· 常绿阔叶树的画法

常绿阔叶树的外貌为终年常绿，其叶片一般呈暗绿色并略带反光，叶子表面有光泽且无毛，叶片的排列方向与太阳光大致垂直，枝叶分布较为密集，结构紧凑，画时可分组来画。在用笔时要注意表现树叶的层次及立体感。

基本作画步骤与方法如下：

1. 可以先用几个点大致标出树型的外观形态轮廓，画出树干与地面的关系。

2. 领会叶子的形状，意象性地用笔。根据叶子形状，用笔画出树冠的单边轮廓。

3.画出整个树冠的外轮廓,左右两边不要完全对称,下笔应自然流畅。此时,整棵树的外形已基本完成。

4.用不规则的叶子形状画出树的明暗交界线,分出明暗区域。在树叶的空隙中可画出隐约可见的树枝,画树枝时注意前后叶片的遮挡关系。

5.继续深化树冠与树干的细节,添加阴影,增强树的体积感。

不同叶子形状的表现方法:

· 落叶树的画法

落叶树一般是指到了秋冬季节叶子会脱落的树种。与常绿阔叶树相比，其结构松散，且树叶稀疏。树枝和叶形是构成落叶树姿态的基本要素。画时一定要感知落叶树的整体形态，把握落叶树的树冠分组后的动态特征，用感知的意象性的树叶形状来勾画整棵树的动势特征，同时还要注意树枝的前后穿插关系。把握住树姿的动态趋势是画好落叶树的关键。

基本作画步骤与方法如下：

1. 画出枝干，这里要注意树枝之间的穿插衔接有一个前后关系要交代。可以用虚实相间的点和线标出树冠的大致轮廓及分组状态。

2. 领会叶子的形状，意象性地用笔画出靠前的树冠，并以此为参考，进行下一步的扩展操作。

3. 继续塑造整棵树的形体，并以分组的方式画出整个
树冠的造型，同时画出树冠空隙中的枝干。画树的枝干
时，注意树叶与枝干之间的遮挡关系以及与其他部位的
衔接。

4. 进一步塑造出树冠的体积感，进而画出整
棵树的明暗关系。画出地面。

5. 继续完善树冠与树干的细节，局部区域应加重树冠上的阴影和暗部的树枝。整体调整画面，适当地
画出地面上的树冠阴影。

不同树姿动态的表现方法：

· **热带树的画法**

　　热带树是指适宜在热带生长的树。这类树不耐寒，只能在 20 摄氏度以上才能正常生长，在 5 摄氏度以下无法存活，如椰子树、棕榈树、芒果树、槟榔树、香蕉树、榴梿树等。其表现主要在于叶子的画法，需把握好叶子的形状及用线方式。

基本作画步骤与方法如下：

1. 大致定出树叶与树干的比例关系，并画出树干的轮廓。

2. 通过感知叶柄的走向画出树干附近的叶子。画叶子时需注意叶柄之间的前后穿插关系。

3. 继续用较长的线条分组画出树叶的
形状，注意叶子形状和疏密须跟着叶
柄的走向进行变化。

4. 继续完善树叶，适当画出叶子下面的阴
影以及树干上的纹理。注意叶子之间的前
后穿插，最后表现树干与地面的细节。

不同叶子形状的表现方法:

草地的画法

　　在建筑园林景观布局设计中，草地作为配景占有重要地位。其在功能上可以改善空气环境、净化空气、调节环境温度、减弱噪音、涵养水源，甚至还可以防风、防沙、防火等。当然对于设计师而言，最重要的是可以美化环境、渲染环境、调节环境气氛。因为在现代城市环境中充斥着生硬冰冷的建筑森林，随处可见的人造物围绕着人们，人们有着"回归自然"的强烈愿望，所以，在城市空间中，再雄伟壮丽的建筑，如果没有草地、树木的衬托，都将是冰冷生硬且缺乏生气的。用草地来美化和净化环境，调节城市空间，从而创造宜人的生态环境，是人们的基本生活需求。

　　草地的视觉特征是开阔、舒适、畅快。茂盛的草地是人们休闲娱乐的理想之地，无论是大的城市空间还是居住空间的庭院，柔软平坦的草地已成为人们生活的美好追求。

　　草地是建筑表现画中表现软质地面的主要题材，一般在鸟瞰图、广场建筑、小区住宅、别墅庭院等建筑表现画中经常遇到。它不仅可以丰富地面的层次变化，而且对烘托环境也起着重要的作用。刻画建筑表现画中的草地，主要是运用自由笔触来表现，而不是用单个具体形体来表现。表现大面积的草地，首先要考虑草地与画面的协调统一，然后再根据空间关系表现草地的远近、深浅、明暗。草地最难表现的是空间深度感。我们在建筑表现画的表现中，经常发现草地的表现没有深度感，基本上呈平面状，所以显得整个画面的空间感也相应地差得多。

　　下面就从地被植物、草丛与花卉的结合以及草坪三个方面的表现技法来具体详述草地的画法。

2.3.1 地被植物

地被植物是泛指那些株丛密集地覆盖在地表的低矮草本和蕨类植物，也包括一些适应性较强的匍匐型爬藤植物和灌木。以草坪为代表的地被植物种类很多，既有四季常青的草类，又有随季节变化的草类。这些植物的大面积种植，不仅具有防止水土流失、净化空气、吸附尘土、降低空气污染的生态价值，而且具有观赏、柔化建筑环境空间的经济价值，可令环境增添开阔、畅快、宁静、舒爽之感。

· 狭长型叶子的单个植株画法

狭长型叶子的地被植物有吉祥草、韭兰、葱兰、石菖蒲等。画此类植物时，需关注植物的整体形态，尤其要注意叶子之间的前后左右的穿插关系。

基本作画步骤与方法如下：

1. 起笔时，从植株的中间画起，注意用笔要流畅、轻松，通过笔下的线条表现植物的柔韧性。

2. 由中间向两边和上部发散，用笔时注意线条的前后穿插关系。

3. 继续完善植株整体造型的美感，
用线条表现叶子的飘逸特性，并根
据画面效果添加叶纹。

4. 根据画面添加周围的枝叶和花
朵。最后为植物适当添加阴影和
暗部，强化叶子的转折起伏。

· 片状型叶子的单个植株画法

片状型叶子的地被植物泛指有特殊的叶色与叶姿、可供人观赏的丰富叶色且观叶期较长的植物，如八角金盘、菲白竹、蜂斗菜、赤胫散、玉带草、虎耳草等。画此类植物时，应注意叶片的形状特征和纹理以及植株的整体形态，同时，还应关注不同叶片的前后遮挡关系和生长方向。

基本作画步骤与方法如下：

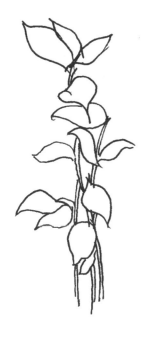  

1. 先感知叶片的大致形状，运用流畅的线条画出外轮廓。注意起笔时一般由中间开始画起，再穿插根茎，并尽量把根茎画得根根分明。

2. 由中间的叶片和根茎向两边和上部继续扩散，注意每一片叶子的方向和前后的叠加关系。

3. 继续完善整个植株的整体造型，并适当添加叶片上的纹路细节，添加花朵。注意线条的疏密变化是可以表现前后层次和转折关系的。

4. 最后适当增加阴影和暗部，并略加石头和小草等点缀搭配，以增加生动感。

2.3.2　草丛与花卉的结合

建筑园林设计中的草丛与花卉，泛指草本花卉，常用在城市街道、住宅公共区域、公园等环境中。其品种极其丰富，花叶姿态也多种多样，色彩更是绚烂迷人。利用不同季节特性的草丛与花卉的构造组合，可以营造出具有不同观赏价值的环境效果，是丰富景观、烘托环境气氛的最好设计元素。

·草的画法

在建筑园林手绘表现中，草是经常出现的表现元素，虽然体量小，但在画面中的作用却很大。在画面中，常用草的表现来挤压和衬托出石头、路面、树干、水体等其他景物，并可以通过草的疏密度来表现画面的透视和进深感。

（1）草叶偏长型的画法

此种类型的铺地草一般在画面中用于近景，需要用轻松、流畅的线条画出草的外轮廓，并注意草叶的方向、长短、穿插、前后的变化关系（见下图）。

（2）草叶偏短型的画法

此种类型的铺地草往往用于中景和远景。与偏长型草叶结合过渡，可以增加草地的透视和纵深感。在画法上，用笔应概括，一般用折线和抖线画出草地的外轮廓。下笔时应注意线形的折弯、方向和疏密等变化，以增加生动性（见下图）。

· 草丛与花卉的结合画法

草丛与花卉在建筑园林景观设计中被广泛地运用，两者的结合在园林绿化中具有极高的观赏价值。具体在建筑表现画中，往往是作为建筑的配景而存在。画面中的草丛与花卉，可以调节画面的整体效果，以衬托主体景观，所以其形态不必过于写实，一般都采用概括加抽象的手法来画。草丛与花卉大多与石头、树木、路边、桥边、建筑墙边、水体等实体景观交织穿插在一起，从而更显生动和活力。

基本作画步骤与方法如下：

1. 确认画面中石头旁偏长型草叶的草丛与花卉和其他景物在构图中的占比，并先画出草丛与石头旁的单个植株。线条用笔应有所区分：草丛的线条宜流畅、柔顺，且注意前后的穿插关系；植株的用笔应感知片状型小叶子的形状，用疏密关系来表现大体的体积和明暗；而石头的线条应简洁概括地表达其轮廓。要有意识地用不同用笔方式的线条来表达不同质感的物体。

2. 画出其他景物及周边的草丛与花卉，注意这里的草丛与花卉可以写实一点，以挤压和衬托其他的实物形态，并注意草丛叶片的穿插关系。周边草丛的线条应短小概括，同时通过疏密变化来塑造体积和明暗。

3. 继续画出中景和远景的草丛和其他植物，下笔应注意线条的折弯、方向和疏密变化，通过变化来表现中、远景景物的层次关系。

4. 画出建筑及周边的植物，注意建筑的用笔应简洁、干脆，以便与植物的线条形成软硬对比。

5. 继续深化和完善细节，可以画出景物在地面上的投影，以增加立体纵深感。

根据整体画面的效果，加重相关景物局部的暗部，以增加立体感。

其他草丛与花卉图例：

2.3.3 草坪

草坪在建筑景观园林设计中占有重要的位置。柔软舒适的草坪，可以为人们提供玩耍、追跑、休息的理想休闲空间。无论是建筑聚集的城市空间，还是居住密集的住区空间，甚至单个家庭的庭院空间，草坪的视觉心理特征都是开畅、舒爽、幽静。以草坪为代表的常用植物有地毯草、马尼拉草、百慕大草类、假俭草等。

草坪画法的关键之处，是和其他景观的配合，就像实际的城市空间和社区空间一样，草坪具有调节空间疏密度的作用。在建筑表现画中，单独表现草坪很简单。难点在于，场景中需根据整幅画面的需要来决定草坪的面积大小，以调节整个画面的疏密度。其用笔表现往往需要其他景物描写的配合，以挤压出草坪的形状。其笔触的疏密度也是根据草坪周围的景物刻画程度来决定的。

基本作画步骤与方法如下：

1. 根据整个画面的需要，在构图阶段时，先大致确认草坪在画面中的位置和所占的面积比例。这一步很重要，因为草坪在整个画面中属于"空"的一方，它将与其他景物的"实"景刻画形成对比，从而决定整个画面的未来效果。首先画出草坪前景中的草丛与花卉。

2. 确定好草坪在画面中的位置和面积比例后，画出草坪周围交界的其他植物，并根据草坪的植物种类，用意象性的笔触画出草坪的大致轮廓。画轮廓时，要注意草坪的透视关系，同时在用笔上，注意近处的草坪用笔相比远处的用笔要详细写实一点，远处的要概括虚化一点，以强化透视关系。画草坪纹理时，要先定出大致的平行线，再画草地，这样草坪就不会显得杂乱无章并能增强透视感。

3. 继续画出草坪以外的其他植物。尤其注意与草坪交界的景物，在两者轮廓交织时，注意用笔的虚实关系，以及通过用表现小草笔触的疏密度来适当表现草坪上景物的阴影，以增加画面的立体感。

4. 进一步画出房屋景观，并细化各景物的细节。在具体刻画时，需关注各景物之间的线条疏密关系。用笔触的多少来调节草坪与其他景物之间的虚实、疏密关系，以及整个画面的明暗关系。

5. 继续完善草坪周围的前景，画出地面的铺地，以增强画面的透视感。最后，根据画面的整体效果，调节各部位的细节，适当加重暗部，以完成整个画面。

其他草坪图例：

石景的画法

　　石头造景在建筑园林景观中占有重要位置。大到城市广场公园，小到家居庭院，都可以看到石头的造景。无论是中国传统的园林景观空间，还是现代化的建筑空间，用石头造型构筑景观是景观设计的常用手法。

　　在人类社会发展的进程中，随着生产力的不断提高和科技的进步，人类利用自然和改造自然的能力也在不断提升，同时也在破坏着自然环境。人类城市化进程的发展，是和破坏自然环境相伴而生的，人们早已认识到了这个矛盾，也意识到必须在人与自然中找平衡。但是，在现代化的城市空间中，自然景观越来越少，到处都是人工制造的生硬环境，人们渴望在拥挤喧闹的城市环境中，也能体会到大自然的美景、空气和阳光。但是，城市中的空间相对有限，无法引入更多的自然风光，这就使得人们采用象征、引入等各种造景手法，尽量在有限的空间内引入自然景观，从而使人们能感受到愉悦的自然美感和大自然的风味。从古至今，人类就把山石作为造景的重要素材并大力推广，进而改善人类的居住环境，满足人们对于生活中自然美的追求，从而使得人与自然共生共存。

　　作为景观用的石头种类有很多，常见的主要是青石、黄石、千层石、太湖石、斧劈石、石笋石等。在建筑景观设计中，景观石被广泛应用在城市广场公园、企事业建筑空间、草坪小区、别墅、水体、道路周围、家居院落等地方，大到公园里的假山、置石，小到家居桌上的山石盆景，可谓用途广泛、无处不在。在现代园林中，石景往往结合地形、周边植物、水体、建筑、广场与道路等，组合成诸如孤赏石景、散点石景、踏步石景、汀步石景、驳岸石景、瀑布石景、喷泉石景、雕塑石景等各种园林景观。

　　在建筑表现画中，相较于植物和花草的表现，其用笔更趋于刚直，转折面也更肯定、明确，以区别于植物花草的柔美，体现硬朗的材质美。对于外形各异、材质纹理丰富的景石刻画，切忌用笔琐碎，要注意概括和意象性的处理。笔触的走向尽量贴合景石的结构转折。在用笔的方法上应根据建筑画的整体效果来调节笔触的疏密度以及用笔的个性特征。

　　在建筑表现画中，用的种类较多的景石主要是青石、千层石、黄石、太湖石、置石。

2.4.1　青石的画法

青石是地球上分布最广的一种岩石，表面多呈青色、翠绿色，质地坚硬，不易风化，且耐磨、耐腐蚀，表面纹理变化万千，极富天然的独特美感，是天然的具有观赏价值的石材。

放眼古今中外，青石的用途非常广泛，小到砚台、茶杯、镇纸、碑牌匾额、工艺雕刻等，大到建筑栏杆、墙体、桥梁、台阶、铺地、驳岸石景等，可谓包罗万象，具有广泛的实用价值和极好的装饰性能。

在表现青石时，应注意其形体的转折较为明显，表面纹理也较为平直，具有对比强烈的光影明暗效果。

基本作画步骤与方法如下：

1. 先大致确定好石头与其他景物之间的构图比例关系，接着从构图中的主体石头画起，以确定其在构图中的位置。

2. 画出青石的大体外形轮廓，要学会对复杂的石块形态进行分组归纳处理。

3. 画出青石块的大体明暗关系，注意青石形体转折明显的特点，表面纹理平直，线条宜用直线。

4. 画出青石以外的景物，要注意对比与青石之间的疏密变化，并加重暗部阴影。此时应注意不同景物的物理特性，在用笔线条上要有所区别，如石块用线应直、快，植物、水等软体应柔、慢。

5. 继续深化细节，注意画面整体效果的完善和统一。

其他青石图例：

2.4.2　千层石的画法

千层石的表面纹路呈层状构造，石纹均成横向，纹理清晰。因久经风雨侵蚀，其表面色泽与纹理融为一体，显得更加自然、古朴和淡雅端庄。颜色多呈灰白、灰黑、灰棕相间，外形平坦、扁阔，造型奇特，变化万千。

因其独特的纹理和外形，千层石被广泛地运用于公园庭院、建筑、园路、花园、驳岸等处，从而减少人为建筑的痕迹，增加自然的气氛和趣味。尤其是用千层石制成的假山，可远观其势，近看其纹，因其古朴、稚拙的石纹和颜色，如果与水景、水池、瀑布、喷泉、流水及植物相结合，能给整个空间带来生机勃勃的自然气息。

在表现千层石时，用笔应注意石块的纹理特征，对于大体量的千层石假山应学会分组、分块组合来画，要有意识地区分分块之间的线条疏密变化。

基本作画步骤与方法如下：

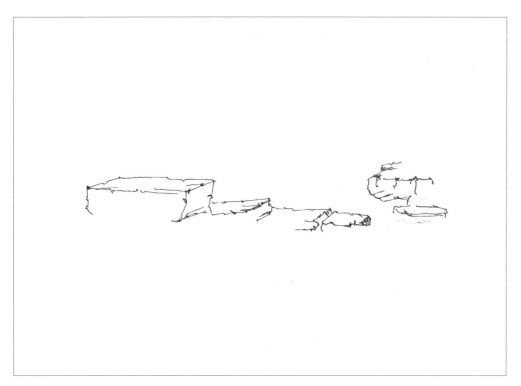

1. 根据画面的整体效果确定画面构图中主体千层石的位置，注意其大小和位置应处在画面中的焦点部位。

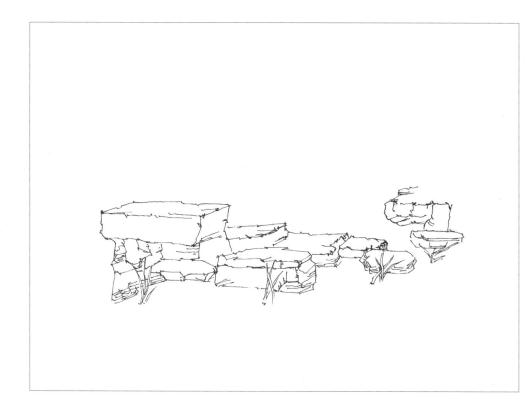

2. 继续画出千层石的轮廓及结构转折关系，注意区分出各千层石石块之间的堆积关系，用笔应概括、干脆、利落，以直线为主。

3. 画出千层石以外的景物，线条用笔应与石头的线条有所区别。植物的线条宜柔和、虚化，以曲线为主，并注意疏密关系的处理。

4. 画出千层石的暗部。暗部的处理，应通过千层石的层状结构线的疏密来处理，并略施阴影，这样既能表现出千层石的结构特征，又可以强化体积的明暗关系。

5. 画出水面波纹，加重局部暗部，完善整个画面。注意水的波纹应用柔美的曲线概括处理，从而衬托出千层石的坚硬。

其他千层石图例:

2.4.3　黄石的画法

黄石的材质较硬，多呈不规则的多面体，各面轮廓分明，表面颜色偏黄，给人以大气、憨厚的感觉。由于其石质坚实、石纹古朴，很早就成为中国古典园林中常用的石料之一，常被用于叠景和人造瀑布。自然的黄石假山，其石块有大有小、有横有斜、有进有出，互相交错，是中国传统古典园林中的重要造园手法之一。

在表现黄石时，应注意黄石的形状相较于青石和千层石，更显浑厚，转折面也较为缓和。用笔时应有虚有实，使其过渡面生动自然。

基本作画步骤与方法如下：

1. 确定好构图后，画出构图中心的黄石主体轮廓和体块转折，注意下笔要表现出黄石圆浑的特点，同时注意对石块的组合进行归纳处理。

2. 画出黄石以外植物的大致轮廓和明暗关系，注意线条的用笔，相较于黄石的流畅圆浑，应有虚有实、断续相间。同时强调出植物与黄石用笔线条上的疏密度对比，以增强画面效果。

3. 继续画出其他的黄石和景物，使得画面更趋完整。

4. 画出黄石和植物的大体明暗，以增强体积感。添加近处水纹，强调画面的纵深感，从而使画面更生动。表现时，应随时关注各景物之间的线条疏密变化和不同特质景物的用笔变化。

5. 继续深化细节，适当加重各景物的暗部投影，以加强画面的明暗对比。同时调整关系，使画面更趋完整和统一。

其他黄石图例：

2.4.4　太湖石的画法

太湖石是由石灰岩经长时间侵蚀后慢慢形成的，因盛产于太湖地区而闻名于世。由于产于湖水中，其经常受到湖水浸润和暗流的冲击，逐渐被冲刷成各种形态各异、千疮百孔的小洞穴，具有天然的独特性。

太湖石的外观特点是形状奇特、玲珑剔透、千姿百态、永不重复，其色泽多呈灰色，偶尔也夹杂少许的白色和黑色，是中国古代皇家园林必备的赏石，特别适合布置在公园、住宅小区、水景、旅游区等，具有极高的观赏价值。

在表现太湖石时，应抓住其"瘦、皱、漏、透"的形态特点。线条多以曲线为主，用笔力求流畅，不要太生硬，尽量放松。

基本作画步骤与方法如下：

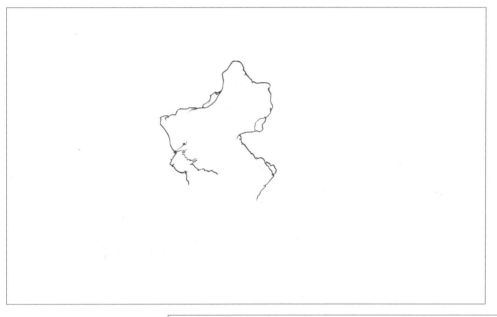

1. 确定好太湖石在构图中的定位，画出太湖石的上半部。

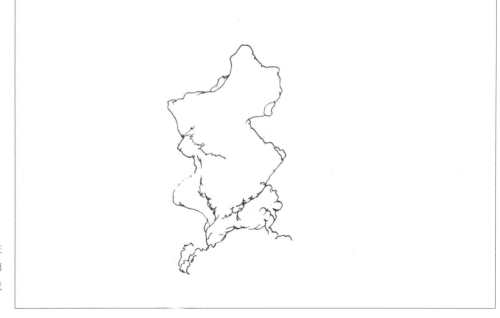

2. 继续画出太湖石的下半部，注意其形状奇特的特点。画其轮廓线和结构线时，线条运笔既要流畅自然，又要适当变化。

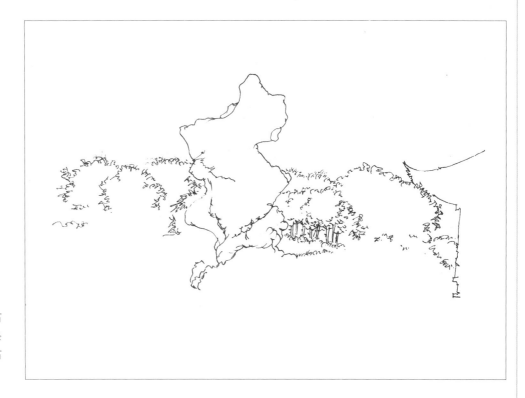

3. 画出画面中部区域的太湖石周围的景物，植物轮廓的线条用笔应短促、曲折，和太湖石的轮廓线有所区分。

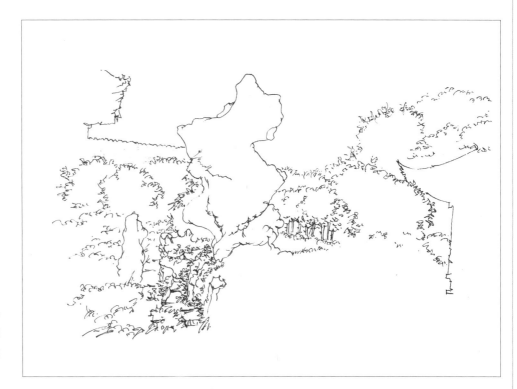

4. 画出右上角和左下角的景物轮廓，作画时应与已画好的部分整体比较其位置以及线条的疏密度。

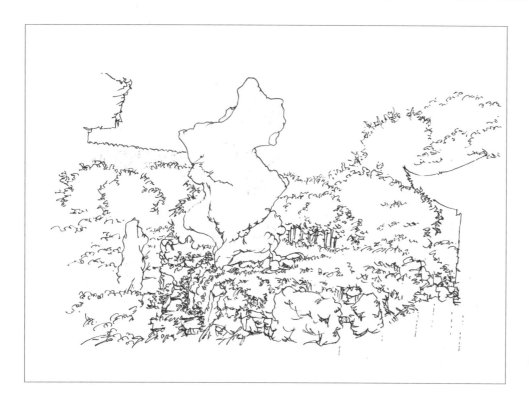

5. 画出右下角的景物，使画面更趋完整。

6. 塑造体积明暗关系。画太湖石的明暗时，注意塑造明暗的线条走向应顺应太湖石的结构特点。亮部的孔洞明暗对比可以主动加强。

7. 加重暗部，画出水面波纹，以增强画面纵深感。调整整个画面的关系，完成整个画面。

其他太湖石图例：

2.4.5　置石的画法

置石就是把景观石作为独立的个体来布置造景。虽然置石呈静态放置，但却可以在其所处的空间环境中呈现出一种动态的气势，散发出与其他景物共生的审美意境。在城市空间中叠山置石，通过人为的艺术加工，就可以营造出自然的山林景色，从而供人们游玩观赏，使其回归自然、放松身心。利用石材的自然纹理轮廓、外形和奇特造型，巧妙地布置于空间环境中，可以为整体环境增添自然质朴的、生动的气息。

在建筑表现画中，要充分了解置石的布置方式。在不同的画面布局中，可以采用特置、对置、散置和群置的布局方式来进行构图布局，并与其他景物统一构思，注意画面的整体协调。在用笔上，要注意置石中的不同石材材质的特性表达。

基本作画步骤与方法如下：

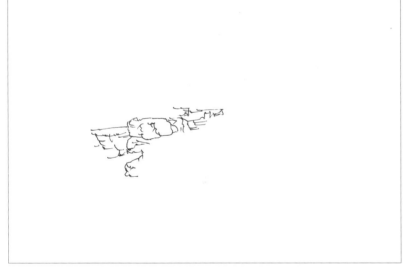

1. 确定构图中心的置石位置，大体画出置石的形状轮廓，落笔时要考虑到未来流水的位置，用笔应局促、肯定。

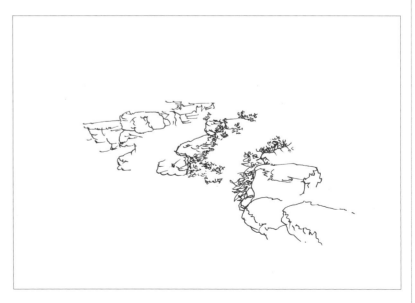

2. 顺势画出右下方的置石和植物，注意置石和植物的遮掩关系，线条用笔要有所区分。

3. 继续流水和植物的绘制，线条用笔应反映物体的特性。

4. 画出中心置石上方及周围的植物草丛。运用不同的线条用笔方式和疏密度处理，互相挤压出石头与其他景物的关系。

5. 画出右边置石上方的草丛植物。狭长草叶的线条宜流畅、飘逸，草叶的间隙可以利用密集的短小叶状线条来挤压出草叶的形状和明暗关系。

6. 画出下部的水纹，以增加整个画面的透视感。水纹的线条应轻松、流畅，波纹疏密有致。

7. 加重暗部，整体调整画面的黑白关系，完成画面。

其他置石图例:

水景的画法

第二章 建筑环境配景表现技法与图例

　　在建筑设计和城市规划设计中，充分利用水景来营造空间环境是设计师常用的手法。无论古今中外，水景在人们的生活中都是不可或缺的。因为水不仅可以保护生态平衡，而且还能起到美化环境的作用。运用水景可以扩展环境空间，使人心情愉悦、开朗；还能调节局部空间的小气候，湿润环境；视觉上也可以软化硬质的人工建筑，使人更贴近自然。

　　具体到建筑表现画中，水景往往出现在画面的前景中。作为画面的一部分，水景虽不及主体占有重要的位置，但水景表现的好坏，直接影响主体和整个画面的效果。如水中的倒影，其位置和大小需和岸上的景观物体相对应。表现时要概括、整体，不必太过于细化，明暗对比也要虚化。水中的波纹还要注意透视远近、动态静态的变化。

　　水景的形态种类复杂多变。但是概括起来，无非就是要表现出水的浅、深、缓、急的状态。只要理解了不同景观中的水景的基本特点，再采用不同的用笔方法，就能表达出不同情景下的水的形态特征。下面，我们就从水面、喷泉和跌水三种主要景观设计中的水景来阐述水景的表现技法。

2.5.1　水面的画法

水是柔软的。在建筑景观设计中，水与其他硬质景观相互衬托、相映成趣。我们常利用水的柔美、恬静、透明等特性来装饰点缀建筑景观，让景观变得更加秀美清灵、通透清新，充满生气。在建筑表现画中，水面的状态分为动静两种。静时如镜面，动时则变化万千。下面，我们就对这两种状态下的水面画法分别进行讲述。

· 静态水面的画法

静态水面多出现在面积不大的水池、湖泊和较浅的池潭等处。泛指平静和略带波纹的水面，可以反射景观的倒影。用笔上多采用平行排列的直线、小的曲线和波纹线。线条表现不可以太实，适当局部留白，以表现出水面的波光粼粼和反光透明的特性。

基本作画步骤与方法如下：

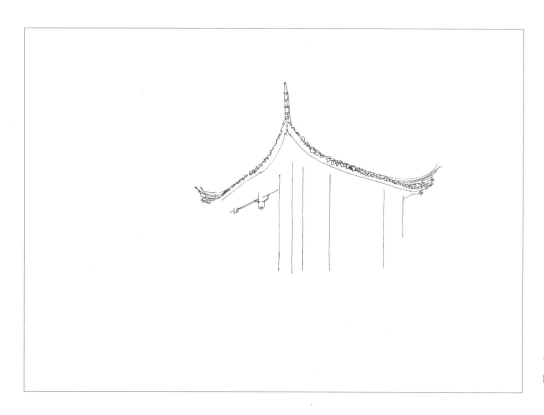

1. 画出主体建筑的位置，以确定画面的构图比例。

2. 根据主体建筑的外形比例，画出周边景物的大致形状，以使构图相对完整。

3. 画出庭院水池和其他景物的轮廓。注意与水面的面积比例，尤其要注意水面的透视变化要准确。

4. 继续深化各处的细节。画出水面中的景物倒影轮廓，画时应注意轮廓的位置应与物体相对应。用笔的线条以虚线的方式来画，并适当用横线和小波浪线画出倒影的大致明暗变化。

5. 继续用横向平行线条画出静态水面的纹理。注意线条排线不宜排满。根据画面的需要，有实有虚，局部留白，以表现水面的反光。进一步调整画面的整体明暗关系，完善画面细节。

· 动态水面的画法

　　动态水面大都出现在有河流、溪水、瀑布、叠水等较大面积的水景景观中。其水面形态起伏变化较大，反射的倒影相较于静态水面不是规则完整的。用笔方法上多采用起伏较大的波浪线、鱼纹线等动态活泼的线条，线条的运笔方向要与水流运动的方向一致。

基本作画步骤与方法如下：

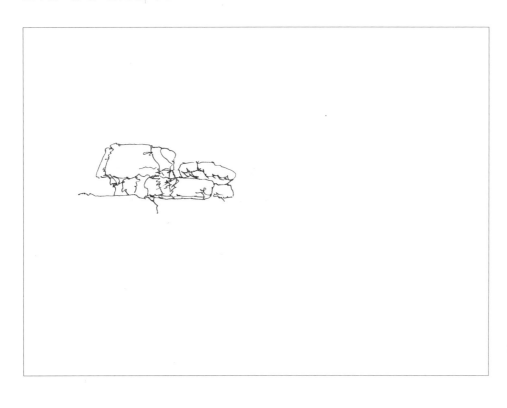

1. 画出画面中的主体石头，以确定构图。下笔应流畅，尽量交代石块的转折关系。

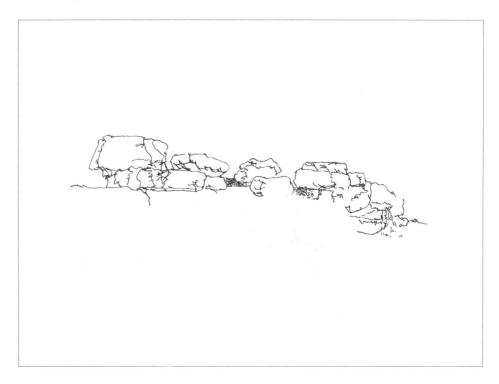

2. 画出右边成组的石块，并交代各石块的体积关系。

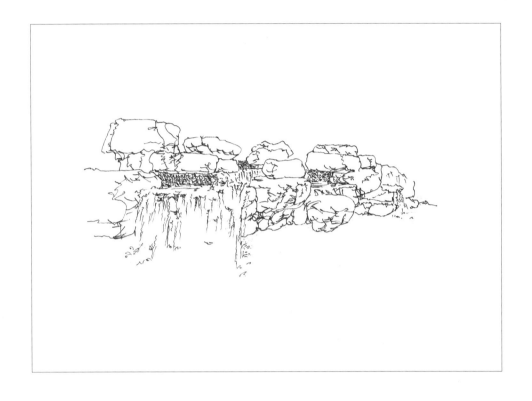

3. 继续画出与水面交界的石块，同时用抖线画出石块中的流水瀑布。注意水的用笔要轻松，并画出落水的水滴，以显示水流下来的高度。

4. 画出石块周围的植物。注意应用不同的笔触来表现不同的植物，同时表现出前后空间关系。

5. 画出水面的波纹。动态水面的纹理线条应使用动感的波浪线。在画波浪线时应注意透视关系，波浪弧度应该近大远小，用笔要放松、流畅。

6. 加重石块与水体交界处的阴影。继续画出其他景物的体积关系，增加水面中的物体，并添加倒影等细节。调整画面的整体效果，完善细节。

2.5.2 喷泉的画法

喷泉是一种完全由人工设备创造出来的水景景观，是现代园林景观中常用的造景手段。随着人类科技的不断进步，利用最先进的科技手段，人们可以创造出具有特定艺术造型，能和光、音、色相结合的奇异有趣、变化万千的水体景观，由此产生了诸如音乐喷泉、激光喷泉、间歇喷泉、高喷泉、跳泉、浮动喷泉等不同类型的喷泉景观。这极大地丰富了人们视觉加听觉的双重感受。当然，喷泉也可以湿润环境、减尘降温，有助于改善城市环境，并增强居民的身心健康。

在建筑表现画中，旱喷泉、喷泉雕塑、高喷泉是较为常见的三种类型。下面，我们就对以上三种类型的画法分别进行阐述。

· 旱喷泉的画法

旱喷泉多出现在带有铺装和遮盖物的广场上，没有水面，其优点是可以充分利用陆地面积。在没有喷泉表演的情况下，地面又可以是市民休闲、嬉戏的好地方，实现一地两用。喷水时，水柱通过地面铺装孔喷出，流回落到广场硬质铺地上，再沿设计好的地面坡度排除。旱喷泉可以使城市中的人能更多地与水亲近、与水共戏。此类喷泉大多出现在城市广场、宾馆小区等公共区域。

在表现旱喷泉时，线条不要太僵硬。尤其是画成组的旱喷泉时，一定要注意与周围景物的明暗透视关系，同时要留意各喷泉出水后的高度是有透视的。

基本作画步骤与方法如下：

1. 画出中心区域的喷泉和地面的结构线，以确定在构图中的位置。喷泉的线条应轻松、柔和，适当以不连续的虚线条表示，但要做到线虚形不虚。

2. 继续画出其他组团的喷泉，注意此高度的喷泉下细上粗，同时要关注喷泉的远近透视变化。

3. 画出旱喷泉以外的建筑物。注意其线条表达与喷泉相比，以流畅、肯定为主，从而衬托出喷泉的形态。

4. 画出喷泉下面的水迹和阴影，适当画出喷泉的倒影并加重阴影的黑白关系，以增强画面的对比关系。

5. 继续画出其他景物，以求画面的完整性。刻画景物的细节，并根据画面效果来调整整体的黑白关系。

· 喷泉雕塑的画法

喷泉雕塑是指喷泉与造型各异的雕塑共同组成的水景景观。本身具有视觉冲击力的雕塑作品与壮美的喷泉景色相互交织，再加上与雕塑的主题相映衬，使得环境更加令人流连忘返。此类喷泉大多出现在广场公园、住宅小区等公共场所。

在表现喷泉雕塑时，要注意水喷出后与主体雕塑的关系，不要破坏雕塑的主体造型，注意水花落在雕塑表面和水中的表现。

基本作画步骤与方法如下：

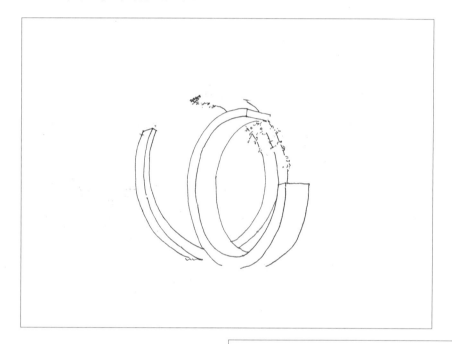

1. 画出主体雕塑的基本外形，以确定在构图中的位置。线条要尽量流畅、连续和清晰，以体现不锈钢的材质。同时，要画出线条中的喷泉水滴。

2. 画出喷泉水的形态。水的笔法与雕塑的线条截然不同，线条应是虚实相间、柔软轻飘，出水口的线条相对清晰。但无论线条怎么变化，都要顺着喷泉的动势走。

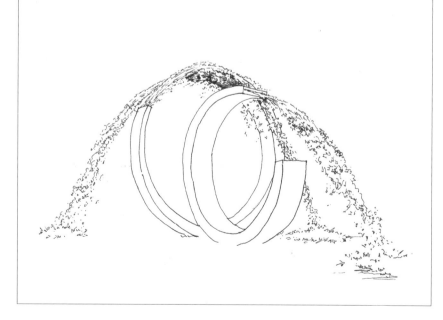

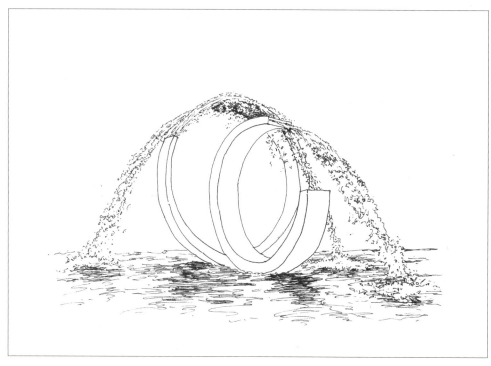

3. 画出水中的倒影。尤其是落水后水花的处理不要生硬，尽量和水纹结合起来。线条宜柔软和放松，通过线条的疏密和深浅来表现水面。

4. 继续画出其他景物。此时的线条要概括和简练，主要以衬托为主。

5. 完成雕塑的细部塑造。注意表现出材料的质感，
用笔宜直硬，从而和水的线条形成对比。最后根据画
面整体效果，调整细节，完成整个画面。

· 高喷泉的画法

　　高喷泉一般出现在著名的景区或较大购物中心周围的湖面上，以吸引人流。其高度往往能达到百米以上。喷出的水柱与电光、声色，甚至烟花相结合，可以表现出千变万化的壮美景观。

　　在表现高喷泉时，线条表现应干脆利落，以求表达出喷水的速度感和高度感。

基本作画步骤与方法如下：

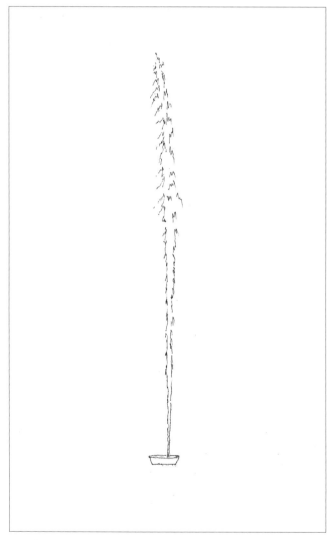

1. 画出底座和高喷泉水柱的基本轮廓，以确定构图。画高喷泉水柱轮廓时，底部线条宜用直线，且干脆利落。随着高度增加，线条渐呈虚线状，以显示喷泉向上力道的递减，但线断气不断。

2. 画出水柱周围水雾的轮廓。注意线条以虚线为主，点线结合。同时要根据水雾的运动走向运笔，下笔宜轻松。

3. 画出喷泉以外的景物，以衬托出高喷泉在画面中的高度比例关系。注意景物用笔宜概括、简洁。

4. 继续画出天空中的云。云的线条尽量流畅、完整，从而和喷泉水雾的虚线相区别。

5. 画出水面波纹，添加倒影，从而与天空中的云
一起增加画面的纵深空间感。注意水面波纹不宜
太满。最后调整画面总体关系，完成整个画面。

2.5.3　跌水的画法

在水景景观设计中，跌水是构成景观中的溪流、瀑布、叠流等水景的基本设计元素，同时具备动态和声响的效果。跌水大多与园林石景、建筑、景墙等人造景观相结合，从而具有很强的形式感和工艺美感，是现代城市环境和园林景观中的重要设计内容。

跌水景观的水立面形状有线状、点状、帘状、散落状、片状等。落水形式也有直落、滑落、飞落等。我们在绘制跌水时，用笔一定要根据以上跌水的立面形状和落水形式进行描绘。线条的起折、转承、疏密布局亦要根据不同性质的跌水形式进行刻画。

基本作画步骤与方法如下：

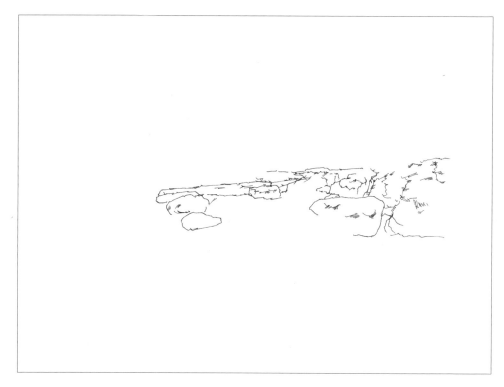

1. 从跌水的最高处石块入手，以确定画面的构图。
此时的用笔应主要画出石块的轮廓，以确定下一步
石块的跌水高度差。

2.确定低处石块的位置，并画出大致轮廓，从而确定跌水的位置高差。

3.画出背景植物的轮廓，以使整个画面的构图趋于完整。同时，在用笔上尽量表达出不同的植物品种。

4. 画出水的大致形态，并注意水的落差。在上部，水的用笔线条应用抖线，以表现水流较缓。下部落水的线条应偏直线，下笔要干脆利落，以显示水流的急促。

5. 重点画出水的明暗关系。通过加重暗部，凸显出水的质感。尤其是跌水流入池中后的水面动态处理，线条应用较为活泼的大波浪线，以增加水面的动感。

6. 继续画出其他部位的明暗关系。此时应注意树的体积明暗关系与水景
相比，宜处理得较松，笔触不要太多，只要交代出前后关系即可，以使
焦点集中在水的景观上。最后调整好整体画面关系。

地面道路与铺地的画法 2.6

　　只要有建筑和人的存在，就少不了地面道路与铺地。道路与铺地是建筑环境与城市规划设计中的重要组成部分。它不仅可以承载并引导交通工具和人流，其表面的铺装图案，还能丰富并美化空间环境。通过路面铺装材料样式的变化，可以形成空间分隔线，能使人在心理上产生空间分隔的功能化效果。利用特定含义的图案铺地，还可以烘托和传达某种特定空间的主题，并强化空间意境。

　　在建筑表现画中，对于道路和铺地的表现，关键在于透视尺度和路面铺装质地的表达。透视不准或尺度过宽、过窄都会使画面主体失真，从而破坏画面的整体协调。不同材质的铺装地面材料的表现，可以和其他景物相配合，丰富画面层次，增强空间纵深感。在具体表现时，要考虑铺装道路的虚实处理和前后空间的明暗关系，还要善于利用道路两旁的灌木和其他植物来强化透视空间关系。

　　地面道路与铺地作为空间界面的一个重要部分，是建筑景观表现画中不可缺少的重要元素。下面我们就建筑表现画中常见的几种地面道路与铺地类型，以图例的形式详细阐述各自在空间场景中的表现技法。

2.6.1 整体铺地的画法

整体铺地的选材大多采用同一材料，以期达到整洁和统一，在质感上也更趋于调和。在材料选用上一般采用石块、水泥或沥青混凝土，既耐压又耐磨，有很好的平整度，便于清洁和养护。多用于道路主干道、公园的主次园路和城市广场。在表现此类铺地时，要注意画面中的面积比。画面构图中的面积大小，直接决定整个画面的疏密关系。同时还要注意铺地分割线不要画满，应根据整个画面需要有虚有实、有疏有密地画，尤其要关注画面中的透视关系。

基本作画步骤与方法如下：

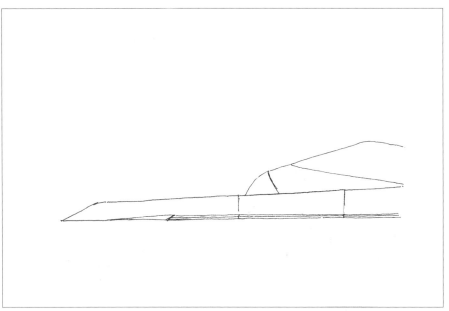

1. 首先画出构图中心的建筑物，以确定未来铺地的面积占比。

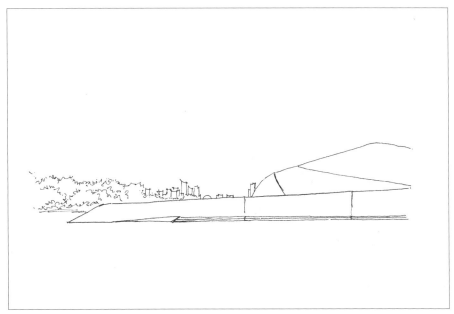

2. 画出远处的景物，用笔宜简练，注意远近的大小比例。

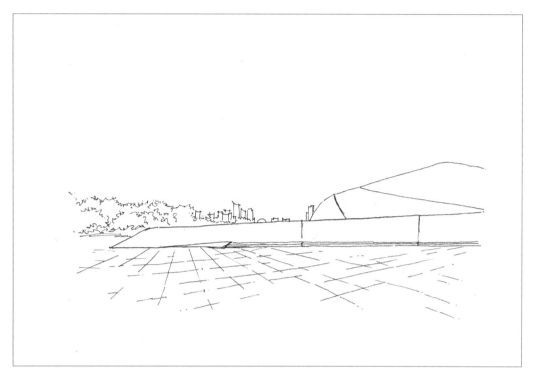

3. 画出地面铺地的分割线，此时应根据其他景物的用笔疏密度来调节地面
线条的多少。线条处理要疏密相间，同时要注意透视关系。

4. 细化和深入其他景物的刻画，以突出主体。

5. 增加天空中的云朵与地面线条的呼应关系，以加强画面的纵深感。调节
整体画面关系，完成画作。

2.6.2 花街铺地的画法

花街铺地的用材大多选用碎料。其铺装用材的选用非常强调与周围环境的协调。其材料多采用碎石片、碎砖、碎瓦、碎瓷片、卵石等。运用这些各式各样的碎料，可以铺装出各种各样具有美好寓意的花式图形，其材质、纹样、寓意可以体现建筑景观的人文精神和地域文化，是中国古典园林文化的重要构成部分。在现代景观设计中，这更有助于生态环境的可持续发展。

在表现此类铺地时，尤其要注意铺地中图案花饰的透视要准确。在用笔上，不要面面俱到、画得太满，应有疏有密，根据整体画面的需要来调节疏密度。运用好疏密度变化的笔触，还可以强化铺地的透视感。

基本作画步骤与方法如下：

1. 画出路面的大致轮廓线，以确定整个画面的构图，同时应注意路面的透视关系。轮廓线应有断续，不要画得太实。

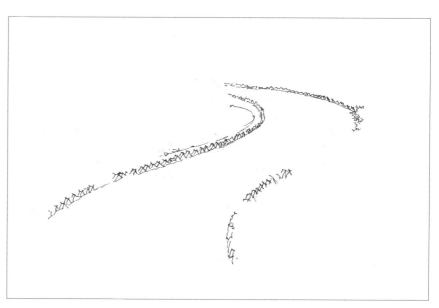

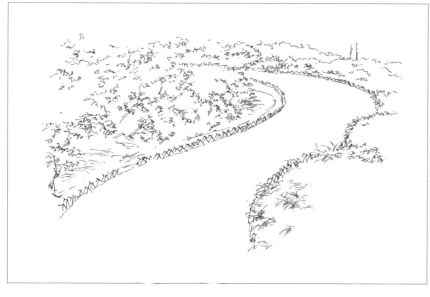

2. 画出铺地周围植物的大致轮廓。此时的线条应轻松，远处概括，近处可适当画出较为清晰的叶片，以增强远近纵深透视感。画时着墨不宜过多，待路面及整个画面需要时，再斟酌深入程度。

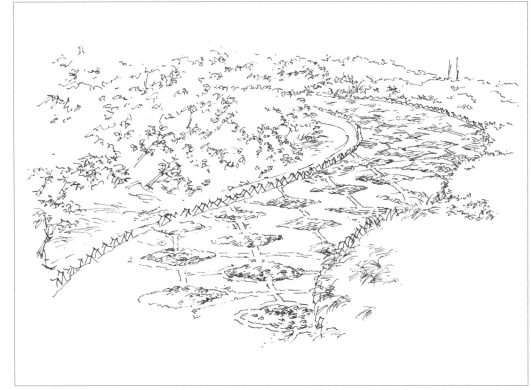

3. 铺地的纹样，从中部画起，逐渐向近处和远处延伸。用笔上，远处虚一点，近处形状相对完整，以增强纵深感。不要画满，等待其他景物刻画后，再根据整体画面效果深入刻画路面。另外，注意尽量保证路面纹样的透视准确。

4. 深入刻画周围景物，明暗处理要注意远近关系的不同。偏近处强调，偏远处弱化。

5. 继续根据整个画面的效果，有选择地深化
地面花纹，用疏密变化来调整地面的纹样效
果。最后完成整个画面。

2.6.3　鹅卵石铺地的画法

鹅卵石是一种经水流长期洗刷搬运的风化岩石。其质地坚硬，色泽古朴，颜色丰富。具有耐磨、耐腐蚀和抗压的天然特性。用不同颜色且光滑的鹅卵石，可以铺成各种漂亮和有情趣的鹅卵石路面，不仅养眼，还可以健身，多被用于公园小路和居家庭院的点缀型铺地。其天然材质可以增加景观环境的自然气息，视觉上还可以增加园路的景深层次，丰富景观的观赏效果。

在表现此类铺地时，要注意鹅卵石的大小要有变化，其比例尺寸要和总体画面的其他景物相适合。线条运用上要轻快、放松。铺在地上的鹅卵石要根据画面的远近透视来调节其疏密度。

基本作画步骤与方法如下：

1. 首先定出鹅卵石铺地与房屋的交界处，以确定其在构图中的位置。适当画出交界处的石头，用笔宜轻松，且注意远近石头的大小。石头不要太多，留待整个画面的效果来调整石头的疏密度。

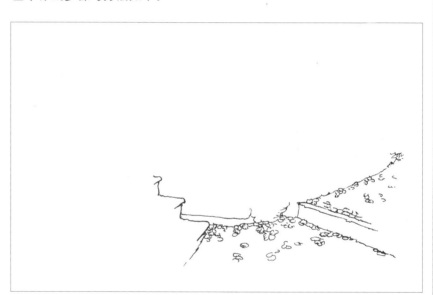

2. 画出画面中主体景物的轮廓和相关细节，以确定画面的主体基调。

3. 继续画出其他景物的形状和轮廓，线条用笔应放松自如且有变化，和其他地方的用笔要相协调。

4. 根据整体的效果，细化鹅卵石铺地。尽量画出不规则石头的透视感，且注意地面上鹅卵石的疏密变化。

5. 最后深化各部分细节。根据整体画面调整黑白疏密关系，
注意线条的手法要统一。尤其应适当加重石头的局部，以
期和其他部位的用笔手法相呼应。

2.6.4　嵌草路面铺地的画法

嵌草路面是城市中广泛运用的可透水透气的一种铺地方式，大致有两种类型：一种是在各种纹样的混凝土路面砖中种草；还有一种是在块料路面铺装时，在各种块料之间的空隙处种草。这种铺地形式既可以形成一定覆盖率的草地，从而软化和改善景观环境，同时又可用作"硬"地使用，是城市景观建设中的重要绿化方式之一，被广泛运用在城市广场、公园住区等区域。

在表现这种铺地时，无论是什么类型的嵌草路面，其纹样形式无非就是规则和不规则两种，表现时一定要注意和整个路面的透视关系。在用笔上，线条的运用要能体现出草软、地硬的不同质感表现。

基本作画步骤与方法如下：

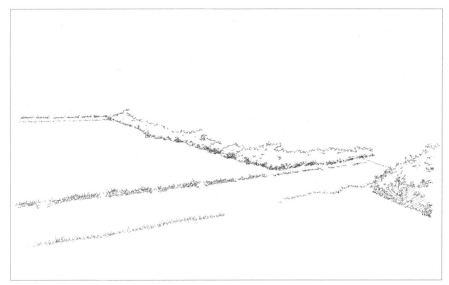

1. 画出草地和低矮草丛的大致轮廓，以确定构图。草地和低矮草丛的笔触要有所区分。

2. 进一步画出低矮草丛和灌木的形状以及大致的明暗关系。笔触宜放松，并注意透视关系。

3. 画出其他的中心景物，并表
达出大致的明暗关系。

4. 画出嵌草的路面，并注意透
视远近关系。通过线条明暗变
化来表达嵌草的厚度。

5. 根据整体画面效果，适当加重暗部，
以增加空间层次和体积感，完成画面。

2.6.5 步石·汀石铺地的画法

步石是放置于地面上的石块，汀石是放置于浅水中的石块，根据人为的设计，按一定的路线铺成曲线或直线形式。其材质既可以是天然的大小不一的石块，也可以是人工塑形的石块。这种铺地形式能够有效地减少绿化和石块的分离感，增强环境景观的整体协调性。通过有韵律的铺设还可以增加环境的自然活泼和轻松的情趣感，多出现于草坪、林间、岸边、庭院、小溪、滩地等区域。

在表现此类铺地时，要根据画面的整体效果，合理安排石块的数量，不要面面俱到，同时要注意各石块之间的透视关系。画汀石时还要注意其倒影的刻画，线条处理上要区别出水的轻柔和石块的坚硬。

基本作画步骤与方法如下：

1. 画出画面中心的步石与汀石，以确定构图。线条应放松，并画出石块的张力，且注意石块的透视关系。

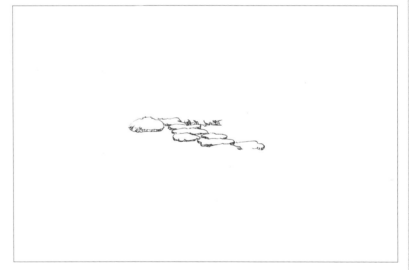

2. 接着画出中心区的其他景物和远处的步石。远处步石的笔触要虚，以增强空间纵深感。

3. 画出远景的树木，线条宜放松且概括。

4. 根据整体画面的需要，决定近景汀石的多少。汀石的线条应肯定、流畅。加深倒影，增强对比，从而加强空间透视感。

5. 最后加重暗部，并画出水纹，增加画面的黑白关系对比。水纹应轻松、流畅。完成整个画面。

2.6.6 木栈道铺地的画法

木栈道自古就是人类交通的重要设施。随着时间的推移，木栈道逐渐和大自然融为一体。人们视觉上也习惯了木栈道是自然环境的一部分。其材质既有经过防腐处理的，具有奇特纹理、质感和色调的天然木材，也有人工制造的仿木塑木地板。常被应用于公园景区和庭院花园，可体现质朴、自然的风格意境。

在表现此类铺地时，首先要确定在整个画面中的构图比例。不必画出每一块的拼块木板，可根据透视关系，近处表现多一点，远处表现少一点、虚一点。通过块状木板的多少来增加画面的纵深感，同时还要注意木块拼缝的透视关系。

基本作画步骤与方法如下：

1. 确定木栈道在构图中的位置，并画出中景的栈道轮廓。用笔宜肯定，并注意透视的准确。

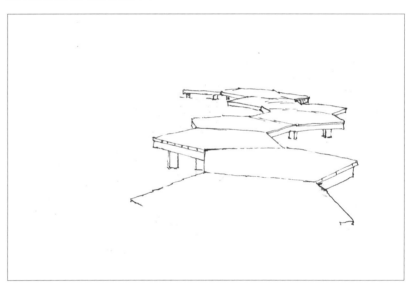

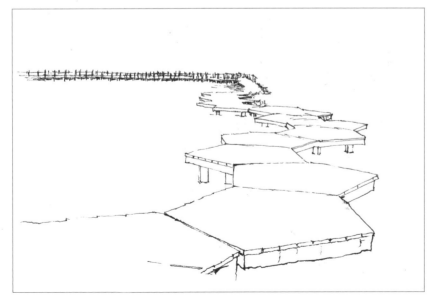

2. 画出近景和远景的木栈道。近景栈道的线条处理应肯定，形体要准确；远景栈道的线条宜概括，可断续，但透视和形体应尽量准确。

3. 画出中、远景植物的大致轮廓。用笔应简练、概括。

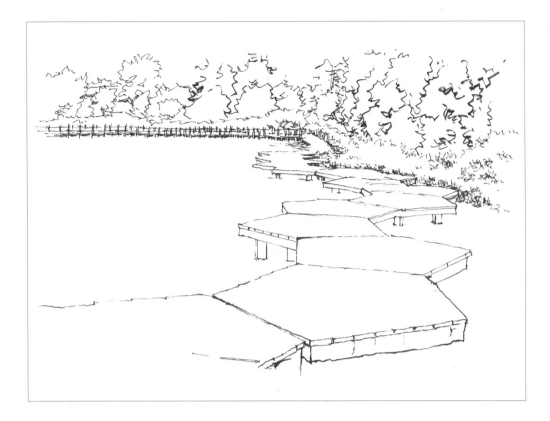

4. 画出木栈道的细节。栈道表面的拼缝线，不仅要注意透视，还要注意近、中、远不同位置的疏密和虚实的区别。加重木栈道的暗部，完成其他植物景观的明暗细节。

5. 画出水面及倒影，调整画面的黑白关系，完成整个画面。

其他木栈道铺地图例：

灌木、绿篱和藤蔓植物的画法

在城市景观建设中，如果没有植物绿化的衬托，再美丽的建筑物也只能是无生命力和冰冷僵硬的。一个非常美丽的建筑住区，如果缺少自然绿化的植物，很难想象人们的心理体验是怎样的。无论是从室外看还是从室内看，植物的视觉效果和美感都是不可缺少的。从建筑外看，植物可以柔化建筑的外观，丰富景观层次；从室内往外看，又可以把自然植物引入室内，增加室内环境的自然情趣。

不同的城市建筑环境，对植物的配置需求是不一样的。既整体统一又富有变化的植物配置，会给人们的视觉感受留下强烈的印象。正确运用构造植物景观的各个元素，充分发挥各种植物的姿态与色彩个性，可以极大地丰富城市的绿化景观。不同类型植物的配置，还能给人们带来心理、感官等方面的不同感受。而灌木、绿篱和藤蔓植物是植物景观中不可或缺的设计元素，虽然在植物景观中的面积不大，却可以增加植物栽植的空间层次感，还具有分隔空间和美化景观建筑立面的作用，是建筑景观设计中的重要设计元素之一，也是建筑表现画中经常遇到的表现内容。

在表现灌木、绿篱和藤蔓植物时，不仅要考虑自身的植物特性，还要根据画面的整体效果来决定其在整幅画中的空间比例关系、用笔的概括程度和笔触的细腻程度等。

2.7.1 灌木的画法

灌木泛指低矮的树木，既有落叶树，也有常青树。因其高度与人的高度接近，人在其中行走时，更易产生一种融于自然的亲近感。灌木品种很多，树枝花型也丰富多样。经人工修剪后，不仅能增加空间的层次感，还可以用来分隔空间。

在表现灌木时，要注意远景和近景灌木的表现应有所区别。远景描绘要概括，近景刻画宜详细。单个和群组的表现也应有所不同：单个灌木的表现应该更具体，群组灌木的表现应笼统概括。

下面在学习情景中的基本作画步骤与方法之前，先简单了解一下单个修剪式灌木的画法。

单个灌木的基本形画法：

不同叶子形状的表现方法：

基本作画步骤与方法如下：

1. 画出中景区域的灌木外轮廓，以确定其在构图中的位置。

2. 画出近景和远景灌木的轮廓。用笔上，近景灌木的叶形较详细，远景的更概括。

3. 画出其他景物的轮廓。根据整体画面的需要来画其他景物的外形，不必面面俱到，线条应简练、概括。

4. 继续画出灌木的明暗关系。近景的灌木对比要强烈，用笔需肯定，形状要具体；远景的灌木相对概括和虚化。

5. 最后完成其他部位的明暗关系。表现时应根据整体画面的需求来
调整明暗关系的深入程度，线条的用笔方式应与整体统一。

2.7.2 绿篱的画法

　　绿篱一般是由小乔木或灌木密植成行而形成的。其作用不仅可以组织人流的行走路线，还可以作为围墙来围合城市中的功能空间。同时，也可以作为园林绿地的边缘装饰以及园林景观中的背景绿墙，被广泛应用于城市公共空间和住区庭院空间。在形态上，绿篱可以分为高篱、中篱、矮篱、绿墙等。在植栽种类上，又可以采用花灌木、带刺灌木和观果灌木等做成花篱、刺篱和果篱。

　　在表现绿篱时，应根据画面整体协调的需求来表现绿篱的空间形态特征和深入刻画的程度，同时尽量用不同笔触来刻画不同种类的绿篱特征。其形态有规则形和自然形两种形式。规则形一般都在长、宽、高的几何体基础上作画。自然形大多都是连续不断、有曲有折的。最需要关注的是绿篱的透视效果，画不好会影响整个画面的透视效果。

单个绿篱的基本形画法：

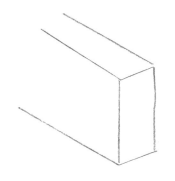

不同叶子形状的表现方法：

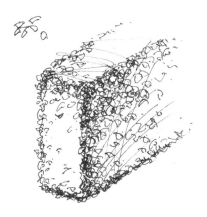
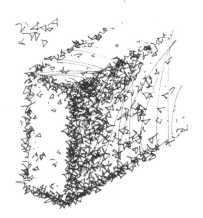

基本作画步骤与方法如下：

1. 首先确定画面中树的位置，并画出大致轮廓。

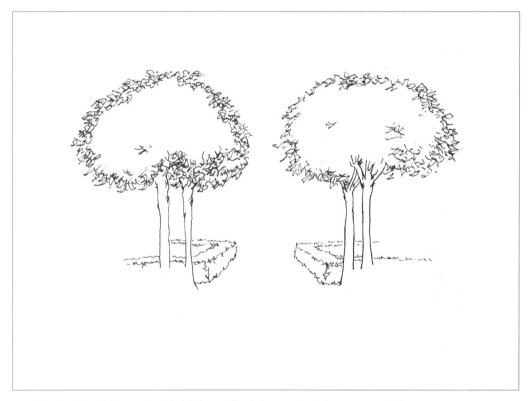

2. 画出远处绿篱的轮廓。此时的线条应概括，用笔要轻松，同时要注意形和透视的准确。

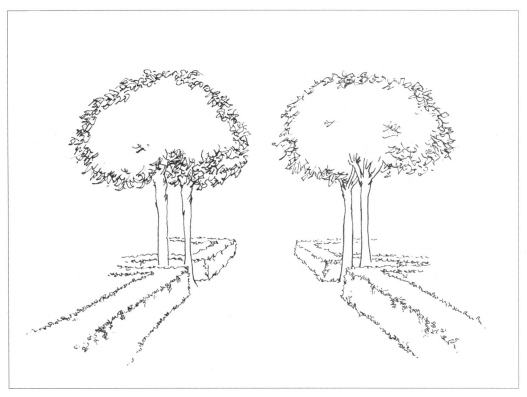

3. 画出近处绿篱的轮廓。为了显示与远处绿篱的区别，越近处绿篱的叶形越写实，然后自然地过渡到远处轮廓，从而增加透视感和纵深感。

4. 画出其他所有景物的轮廓，用笔宜轻松自然。

5. 画出所有景物的明暗关系。绿篱的明暗应点到为止，不宜画满。
用疏密度来表达体积和远近关系。最后，所有其他景物的明暗、
体积关系应根据画面整体需要来安排黑白关系和深入程度。

2.7.3 藤蔓的画法

藤蔓植物泛指不能自己直立生长，必须攀援缠绕并依附于其他支撑物或匍匐于地面生长的植物。因其攀援缠绕的特性，可以让城市的建筑硬质景观披上绿装，大大地拓展并增加了城市的绿化空间和绿地面积。其种类繁多，形态丰富多样，有着多方面的引人入胜的观赏特质，是城市园林绿化的重要组成部分。尤其在建筑立体绿化方面，具有不可替代的重要作用。在功能上，藤蔓植物除了可固水土、降污染外，还可以净化空气。所以，其也被广泛应用于住区的庭院空间和室内空间中。

在表现藤蔓植物时，不可以与整体画面相割裂，要按照藤蔓植物的形态特性去画。用笔应轻松流畅，线条笔法要与其依附的物体有所区别。不要被复杂的形态迷惑，避免画得太碎，要按照藤蔓植物的生长趋势和生长规律的特性，时隐时现地画出植物枝干，并概括性地描绘出藤蔓植物的形态特征。

藤蔓的基本形画法：

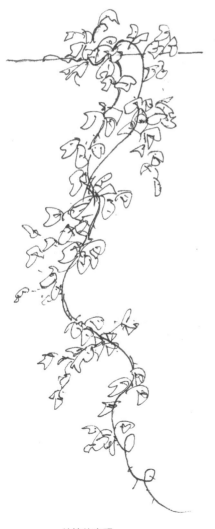

单株的表现　　　　　　　　　　　　　　群组的表现

基本作画步骤与方法如下：

1. 首先确定门的大致位置并画出大致轮廓，从而构建画面的结构中心，以便藤蔓植物可以围绕此中心展开。

2. 围绕门开始分组画出藤蔓植物。藤蔓植物看似复杂，但可以根据自己画面的需要，给以人为分组，围绕根茎展开分组绘制。用笔轻松自然，似像非像，疏密有致。

3. 根据已画好的植物状况，
继续展开其他部位的绘制。
线条疏密度可根据画面整体
进行调节，不必限于自然景
物的生长状况。

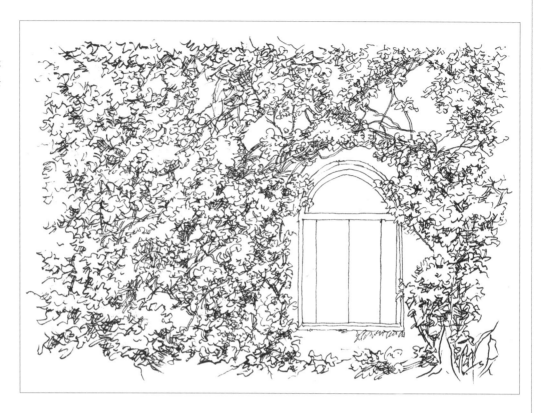

4. 画出门的细节与明暗。线
条应与植物有所区别，偏理
性和规则。

5. 最后完成整个藤蔓植物的明暗关系。此步骤应
协调整体画面的黑白关系来处理藤蔓的明暗。

其他藤蔓图例:

人物的画法

第二章　建筑环境配景表现技法与图例

　　由于人物的动感最强，在表现较大场景的外景观空间和情景丰富的室内空间时，经常会添加人物。通过不同比例尺度的动态人物表现，可以渲染空间气氛，增强画面的空间层次关系，同时还能根据需要平衡画面的构图。

　　人物表现的难点主要在于不同距离下的人物细节表达，如：近景人物的刻画，相对细节更多；中景人物的处理，较为简单明了；而远景人物的描绘，则更抽象和概括。再者就是画面构图中的人物分布要合理，应有聚有散、有远有近，并根据画面的构图合理布局。最后就是人物在整个画面中的比例尺度要和其他景物相适宜。

　　下面就利用同一组人物在不同距离条件下的表现方式来具体阐述建筑表现画中的人物表现技法。

2.8.1　近景人物的画法

在建筑景观表现画中，近景人物的表现往往较为写实，与中景和远景人物的描绘相比，应尽量画出脸部和衣饰的细节。另外，还要注意人物的自身比例关系。因为近景人物在画面中处于最靠前的位置，更要协调好人物与周边景物的比例关系，否则会因为其在画面中的突出位置，破坏了整个画面的比例关系。所以，人体比例是需要重点关注的要素。

在表现画中，我们一般以头长为单位，把全身设为 7 个头长。坐姿为 5 个头长，盘坐为三个半头长。儿童的身高一般为 5~6 个头长。

基本作画步骤与方法如下：

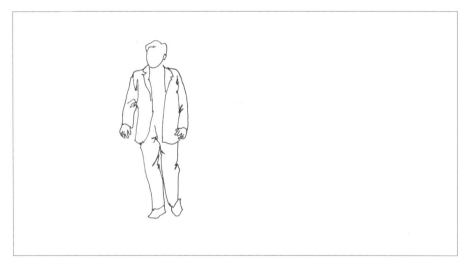

1. 首先画出主要位置的人物轮廓，尽量画出人物动态和外衣轮廓的转折细节。

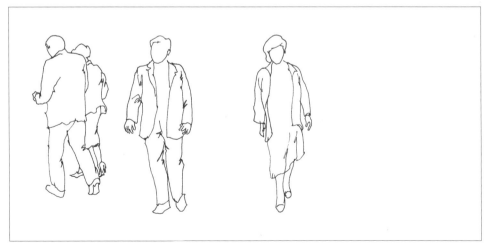

2. 接着画出其他位置的站姿人物轮廓，同时注意留出人物组群中将要画的其他动态人物位置。

3. 画出主群中的儿童人物和坐姿人物的轮廓。表现时应特别留意和其他人物之间的比例关系，同时尽量画出人物的动态互动关系，从而使画面更加生动。

4. 尽量画出所有人物的脸部细节和衣饰细节，从而使得画面更显生机灵动。

2.8.2 中景人物的画法

中景人物和近景人物相比，较为概括，不必画出脸部和衣饰的细节，但是和远景人物相比较为详细，需分辨出上下半身的细节，以及头部的脸型和发型。在动态姿势上，中景人物也较远景人物更形象生动。

基本作画步骤与方法如下：

1. 确定中心人物的位置。用概括的线条画出人物的动态，并区分出上下身衣服的关系。头部只需画出头发和脸部，忽略其他细节，并画出头部的运动方向以及和躯干的组合关系。

2. 根据中心人物的位置和比例，画出其他与其同样站姿的人物。线条的运用应轻松自如，手法应和中心人物的线条感觉一致，以求协调统一。

3. 继续完成有组群关系的人物。通过比较站姿动态人物的比例关系，画出坐姿的人物组群。在线条处理上应和其他部位相协调。

4. 最后画出中间的儿童人物。画时应注意，在和成人的动态和比例的对照下处理好其高度以及和成人的互动关系。

2.8.3 远景人物的画法

远景人物相较于近景和中景人物，其线条更为概括和抽象。远景人物的画法看似简单，其实更难。尤其是场景中的人物，不仅要照顾各种姿势和年龄人物的比例关系，还要用最简单的线条来尽量表达人物的动态和神情。

基本作画步骤与方法如下：

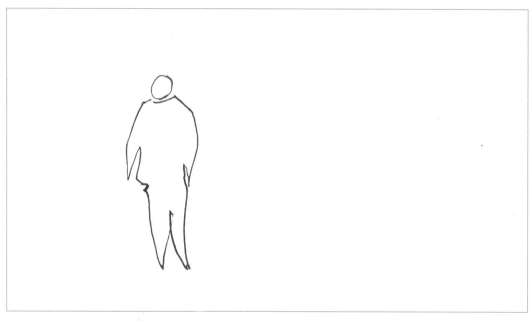

1. 用最简洁概括的线条，画出中心人物的高度比例关系，以作为其他人物的参考。线条应放松、流畅，尽量表达出人物的动态。尤其头部圆圈的表达，要有人物头部的动态方向感。

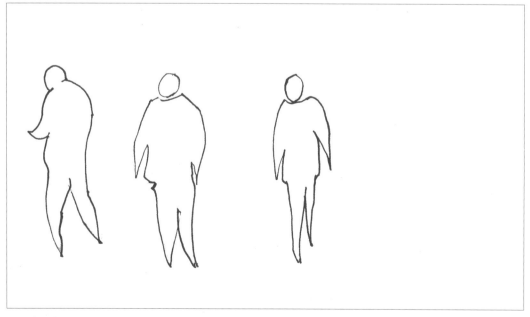

2. 画出其他有站姿的人物动态轮廓。线条应尽量简洁，并表达出动作的状态和方向。

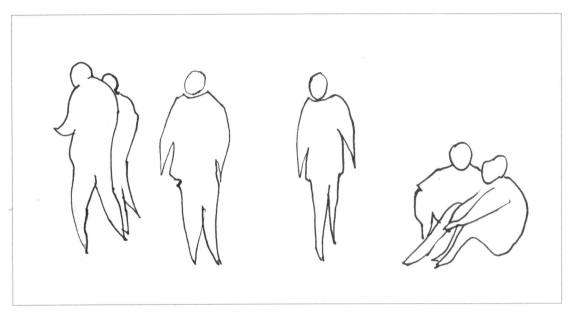

3. 继续画出有组群关系的其他人物，并注意其动态方向。同时根据站立人物的比例，画出有坐姿的人物组群。

4. 最后根据成人的高度比例，画出中间组群的儿童轮廓。
尽量画出其与大人的动态互动关系。

2.8.4　空间场景中的人物画法

在建筑表现画中，一般中景和远景人物的运用较多。在建筑空间场景中，适当点缀具有动态的人物，可以加强画面的动感，增添整个画面的灵动氛围。通过人物的比例和动态，还可反衬出画面的真实性。空间场景中的人物表现，最难的是比例尺度的把握。应尽量做到和建筑景观的尺度相适应。同时，根据构图的需要统筹考虑人物的位置和多少，不要破坏画面的整体关系。

基本作画步骤与方法如下：

1. 画出空间场景中主体建筑的上半部，以确定画面的构图。

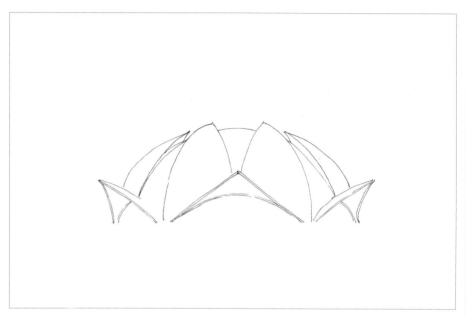

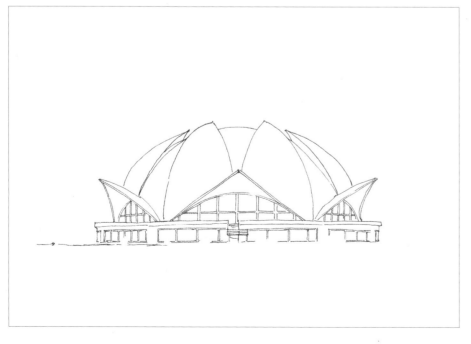

2. 画出主体建筑的下半部，以确定整个主体建筑在画面中的比例位置。

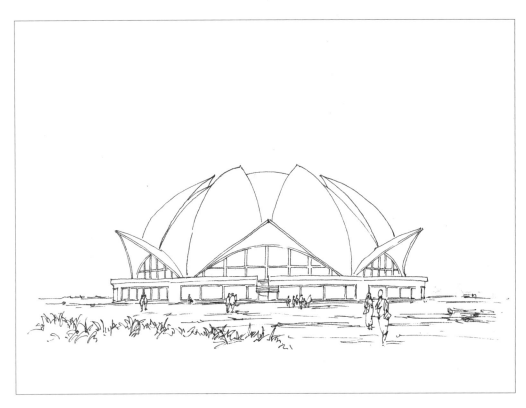

3. 根据主体建筑的比例和位置，画出中景和远景人物。注意中景人物与远景人物的比例尺度和位置安排应符合画面的透视规律。远景人物的线条应概括，表达出动态即可；中景人物的姿态较为详细，需表达出上下半身的细节和动态，以显示和远景人物的区别，从而增加画面的透视与纵深感。

4. 画出远景的建筑和树木。线条应和远景人物的线条一样，概括、简练，以达到画面的协调。

5.画出整个画面的明暗关系，并添加其他相关细节，最后完成整个画面。

其他图例：

交通工具的画法

2.9

第二章　建筑环境配景表现技法与图例

　　在某些拥有道路和水面的建筑表现画中，经常会出现汽车和船等交通工具。这些交通工具不仅可以活跃画面氛围，而且还能通过自身的比例尺度来衬托主体建筑的真实性，同时还有平衡画面构图的作用。

　　交通工具看似表达简单，画面占比也不多，但是，如若表现不当，反而是画蛇添足，破坏画面。其表现的难点，首先就是比例和尺度，过大和过小都会使画面失真，使人感觉不在一个空间维度上，从而影响主体建筑的真实性；再者就是透视应与主体建筑相协调，否则会破坏画面的整体效果；最后就是细节的处理要适度，外观形态表现亦概括、简练，不宜过分刻画交通工具的外表细节，以免喧宾夺主。画面里交通工具的数量，也应根据画面整体效果来选择。

　　要想克服以上难点，作画者可以多临摹一些照片进行练习。无论交通工具的外表多么华丽，都应先将其概括为简单的几何体，待透视准确后，再画其中的细节。

　　在建筑表现画中，呈现较多的交通工具主要以轿车为主，其次为水面上的小型船舶。

2.9.1 轿车的画法

作为建筑配景，轿车和人物一样，也可以作为画面中建筑尺度的参照物。它不仅可以丰富画面，还可以烘托建筑的环境气氛。绘制轿车时，最大的难度是透视，应学会概括归纳其形体结构。尽量做到线条放松流畅，造型准确。下面就列举两个不同方向的小轿车来具体阐述其作画方法。

基本作画步骤与方法如下：

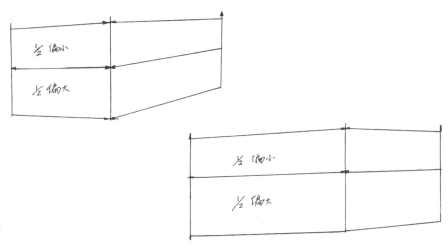

1. 把轿车抽象概括为一个长方体。一般把其分为上下两部分，上部稍小，下部稍大。

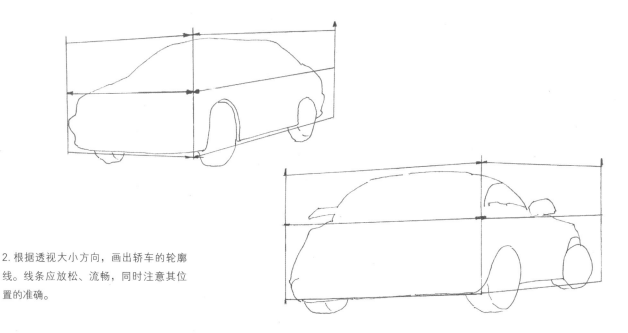

2. 根据透视大小方向，画出轿车的轮廓线。线条应放松、流畅，同时注意其位置的准确。

3. 继续画出轿车各部分的细节和结构关系。同时还要注意结构细节的透视，要与整体透视相一致。

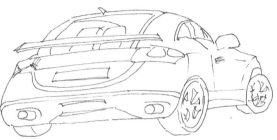

4. 适当画出轿车的局部明暗关系。作为配景，明暗深入的程度应和整个画面的明暗关系相协调，不可突出。

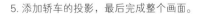

5. 添加轿车的投影，最后完成整个画面。

2.9.2 船舶的画法

船舶大多出现在滨水景观的建筑表现画中。作为水面中的配景，不仅可以调节与其他景物的尺度关系，还可以增加画面的生动感，并起到平衡画面构图的作用。表现船舶时，注意尺度比例要适当，外观形体力求完整、概括。用笔应尽量放松、流畅，与水纹的线条表达能够融合协调起来。下面就列举两个不同方向的船舶来讲解其作画方法。

基本作画步骤与方法如下：

1. 画出船舶下部的船身轮廓，以确立尺度比例。用笔尽量一气呵成。

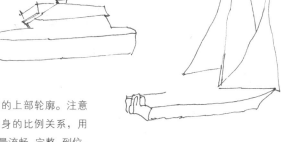

2. 画出船舶的上部轮廓。注意其与整体船身的比例关系，用笔同样应尽量流畅、完整、到位。

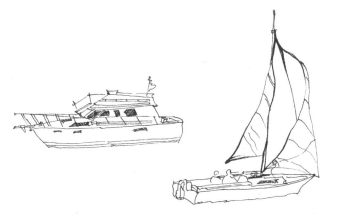

3. 继续画出船身的结构细节。借助细节的表达，可以调节整个船舶的黑白疏密关系。

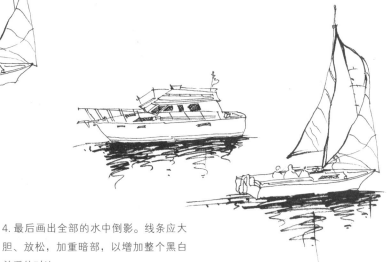

4. 最后画出全部的水中倒影。线条应大胆、放松，加重暗部，以增加整个黑白关系的对比。

第三章

建筑环境材质表现技法与图例

随着人类科技的不断进步和新的人工合成材料的不断涌现，建造建筑环境的结构技术以及室内外的装饰材料也有了巨大的进步。因为建筑结构的不同，其表面的装饰材料质感也会产生变化。如建筑屋顶中的坡屋顶和平屋顶的质感表现是不一样的；同样是表现玻璃质感，框架玻璃和无框架玻璃的表现方式也是有区别的。在建筑环境设计的过程中，不同材料质感的运用，和建筑结构空间形态的设计一样，是建筑环境设计的重要元素之一。作为依附在建筑结构表面的材料，其表面质感效果的好坏，直接影响建筑环境的整体效果。

　　建筑环境中的材料质感表现是建筑表现画的重要内容。质感的表现不仅能增强表现画的真实性，同时，通过对材料肌理的深刻刻画，还可以烘托环境气氛，增加画面的美感。要想画出一张相对完美的建筑表现画，仅仅关注构图、形态结构、色彩等要素是不够的。就像建筑环境设计一样，其设计的完整性离不开材料质感的设计与应用。建筑表现画中的材质表现也是整体表现的重要内容，学习并掌握好材料质感的表现技法，将对画好一幅完整的建筑表现画有着重要的作用。

　　单纯地用钢笔手绘表现材料质感是有一定难度的。和色彩表现不一样，钢笔画只能通过线条的各种技法来体现材料质感。下面就以步骤图例的方式，着重阐述并介绍建筑表现画中较常出现的一些建筑材料质感的表现技法。

玻璃幕墙的画法

第三章 建筑环境材质表现技法与图例

　　玻璃幕墙的表面质感和纯镜面玻璃是有一定区别的。在镜像反射物体时，玻璃幕墙的反射物没有纯镜面的那样清晰和对比强烈。在建筑玻璃幕墙上，大多反射的是周围环境的景物，如天空中的云朵、对面的建筑和周围的树木等。在表现玻璃幕墙上的这些景物时，不必过于关注太多的细节。在外形上要相对概括和虚化，但反射方向要大致准确，形体比例要适中。尤其是明暗关系的处理，要符合玻璃质感的特性。对反射出来的周围景物，不必过分追求细节的刻画和明暗关系的变化，应整体考虑。

　　玻璃幕墙的结构一般分为全玻璃式和框架式两种。在表现全玻璃式玻璃幕墙时，反射物是表现的重点和难点。这类玻璃幕墙的明暗，往往上部偏浅，下面逐渐变深，侧面背光部相较于受光面偏深。而框架式玻璃幕墙，因为框架结构的关系，玻璃幕墙被分割成许多小块，反射面积大大缩小，基本无法完整地反射周围景物。所以在表现此类玻璃幕墙质感时，主要是通过处理框架结构与玻璃交界处的明暗关系来显示玻璃的质感。

3.1.1　框架式玻璃幕墙的画法

在建筑表现画中，框架式玻璃幕墙是指玻璃面板由不同材质的建筑框架支撑的玻璃幕墙。在表现此类玻璃幕墙时，首先要区分出玻璃与框架的材质，充分运用线条的疏密和方向来表现框架的体面转折和玻璃的光感。尤其是框架在玻璃上的阴影表现，下笔需肯定、明确，以凸显玻璃的质感。同时，还需注意框架的透视要准确。

基本作画步骤与方法如下：

1. 画出框架结构。线条尽量完整，注意框架透视的准确，同时要考虑框架结构投影位置的准确。

2. 画出框架的转折明暗关系。注意框架结构暗部线条的运笔方向应符合结构的透视方向。

3. 加重框架的暗部，以增强与玻璃光面的对比。

4. 运用长短不一的小短线，画出玻璃的高光，再加上局部玻璃的分隔线，以增强玻璃质感。

3.1.2 全玻璃式玻璃幕墙的画法

全玻璃式玻璃幕墙是指由玻璃肋和玻璃面板构成的玻璃幕墙。玻璃本身既是饰面构件，又是承重构件。由此材料构筑的建筑外表，具有奇特、透明、反光和晶莹的外在特性。全玻璃式玻璃幕墙的表面特性是对周围环境物体的反光和融入。在表现时应注意线条的明暗变化，同时要留出玻璃的高光部分，以凸显玻璃的质感。对于玻璃上的反光景物，与实际景物应有所区别，在处理上宜更概括，去除不必要的细节。

基本作画步骤与方法如下：

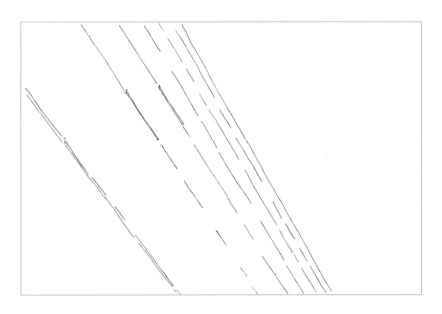

1. 画出玻璃的横向分隔线。注意用笔要放松。在运笔行进中逢高光处，线条应有所断续，但线断气不断，同时应注意透视。

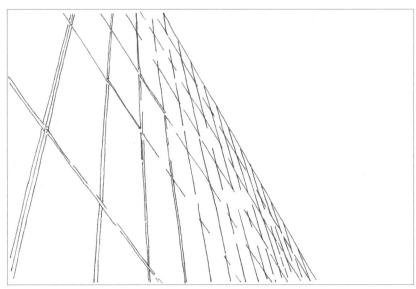

2. 画出玻璃的纵向分隔线。同样，线条逢亮部高光处应有断续，不宜画满。

3. 画出玻璃中云的反光物。用排线分出阴影和高光亮部，注意排线方向应和分隔线有所区别。线条应轻松、自然，云的形状也要概括。

4. 画出天上的云彩。注意排线应轻松、自然，顺着云的结构排线，虚实相间。同时，还应考虑其形状应与玻璃上的形状大致呼应。

5. 根据整体画面的黑白效果，对玻璃框线有选择地加重处理，以强调玻璃质感，同时深入完成整体画面。

3.1.3 空间场景中玻璃幕墙的画法

在建筑表现画中，玻璃幕墙大多出现在现代广场空间的建筑景观中。在此种空间场景中，两种结构的玻璃幕墙往往并存于一个场景中。所以在表现此类空间的玻璃幕墙时，处理手法一定要有所区分。全玻璃式玻璃幕墙的画法重点在于反光景物的表达，而框架式玻璃幕墙则在于框架在玻璃上的阴影表现。由于玻璃幕墙的暗部是整个画面中颜色最深、面积最大的区域，因此，还需有意识地加重和增加其他区域的暗部，以求协调整个画面的黑白关系。

基本作画步骤与方法如下：

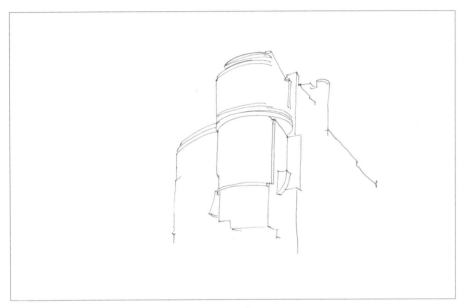

1. 首先画出画面中心区的建筑外形。建筑形体虽复杂，但应学会归纳，并注意建筑的透视。

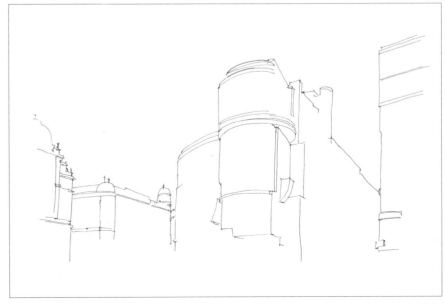

2. 根据构图并参考中心区的建筑，画出其他部位的建筑外形。注意透视与体量应和主体建筑相协调。

3. 继续画出建筑内部的形状结构。内部形状细节，不必面面俱到，并根据画面需要安排疏密关系。尤其注意结构细节的透视，要和主体建筑相统一。

4. 画出广场上的人物。注意人物在不同位置应有疏密变化，从而增加画面的动感。同时，还要考虑人物在不同远近位置的大小尺度应与建筑的尺度相适应。不同距离的人物线条也要有变化，近处详细，远处概括。

5. 重点刻画画面中的玻璃幕墙。因为画面中的暗部区域主要集中在表现玻璃幕墙材质的区域，所以刻画玻璃时，要了解不同结构玻璃的表达方法。全玻璃式玻璃幕墙主要在于反光景物区域的表达。反光景物最深的边缘可适当落在玻璃肋线上，从而和玻璃高光部形成极大的反差，以体现玻璃的质感。框架式玻璃幕墙则着重在于框架阴影的表现，阴影处的线条应干脆且肯定。

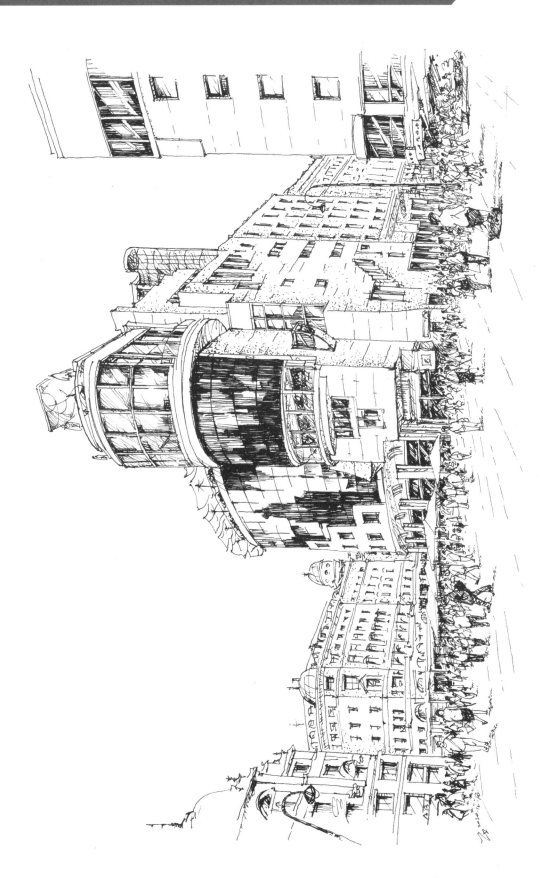

6. 根据画面中玻璃幕墙的暗部面积，适当加重其他区域的暗部，以求画面的整体平衡。接着完善其他细节，适当根据建筑形体转折，添加"点"的明暗过渡，以增加建筑的体积感。根据画面疏密的需要，适当添加地面的砖线，以加强画面的透视与纵深。最后完成整个画面。

建筑墙面的画法

　　在建筑表现画中，对建筑墙面的刻画，主要体现在贴面材料的质感肌理上。虽然建筑墙面的贴面材料种类很多，如砖、石、涂料、PC 板等，但是真正能体现材料质感的，大多集中在砖石类材料中。具体刻画时，应根据整体画面的艺术效果来决定墙面质感的深入表现程度。例如，对于采用涂料、PC 板等无肌理变化的光面材料，表现时不必关注其质感，只需表达出墙体的明暗关系和墙面上贴面材料的分割线即可；而对于砖石类的建筑墙面，就需要适当表现出材料自身凹凸起伏的肌理质感和有序与无序的排列变化。

　　建筑外墙砖的材料主要有人工合成的砖和加工后的天然石材砖等。在表现此类材料的墙面时，可根据墙面在画面中的位置以及整体的明暗关系，通过规则或不规则砖缝线条的疏密度来体现墙体的亮面和暗部的关系，同时再适当地表现出砖石表面上的深浅肌理的明暗变化。尤其对于不规则天然石材所砌的墙面，应当重点地刻画出其大小不规则的组合和表面自然肌理所产生的天然艺术美感。

　　不论建筑墙面的材料是何种材质，其墙面的质感肌理特征无非就是规则和不规则两种。下面就针对这两种墙面形态的画法分别加以阐述。

3.2.1　规则形态的墙面质感画法

规则形态的建筑墙面材料，大多选用人工制作的石材，常见的石材有红砖、清水砖、人造亚克力石，还有天然石材，如大理石、砂岩和花岗岩。通过对上述材料有规则地切割和堆砌，墙体表面就形成了有规则的分隔线。

表现此类形态的墙面时，要注意墙体轮廓线和墙面分隔线的走向透视要一致。墙面分隔线的大小间距要注意近大远小的透视关系。

基本作画步骤与方法如下：

1. 首先确定画面的中心，画出与墙体相关联的门的外形，以方便下面根据门的形状来调整墙面砖纹用笔的疏密度。线条应尽量完整、流畅，从而和下一步短促的墙体砖线形成对比。

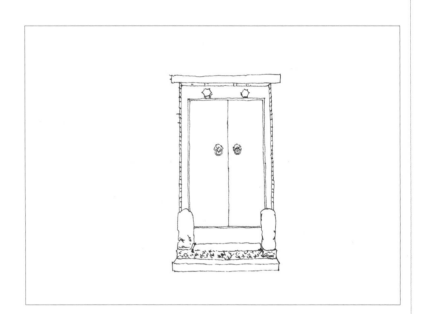

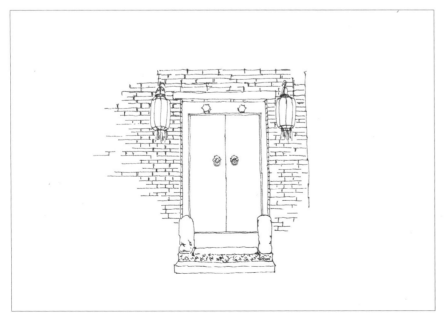

2. 画出门周围的砖墙纹。用砖线的疏密度来反衬出门的空白形状，同时定出未来画面砖纹线的疏密分布。线条宜轻松，同时应注意规则形态的墙面砖纹的等高特性。

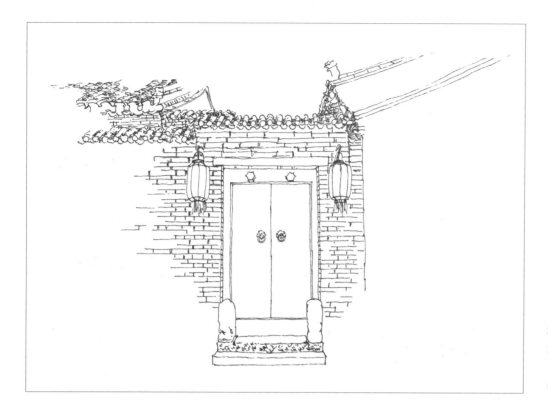

3. 画出屋顶瓦片，意象性地用笔画出瓦片的形状和方向。注意理解屋顶瓦片的结构和透视。

4. 画出植物的形态。此时的用笔宜粗犷、概括，和砖墙瓦片的规则性的理性用笔形成对比，从而使画面更显生动并增加艺术美感。

5. 根据整体画面的黑白关系，完成其他部位的墙面砖
纹。此时应利用有疏有密的砖纹线排列来表达墙面的
明暗变化。加重各处的暗部，增强整体画面的对比关系，
最后完成整个画面。

3.2.2　不规则形态的墙面质感画法

不规则建筑墙面的材料，大多选用天然石材。常见的石材有文化石、蘑菇石、毛石、卵石等。这些天然石材的形状以及表面纹理往往呈现的是未经处理过的天然不规则形态，有着大自然的沧桑感，体现出返璞归真的天然意境。

在表现此类形态的墙面时，应尽量表现出此类石材表面粗糙的自然质感。不规则墙面石头的疏密关系应避免均匀分布，注意石块近大远小的透视关系。

基本作画步骤与方法如下：

1. 首先确定窗的位置并画出大致形状，描绘窗内外相关物件的细节。用笔应注意景物形状的取舍，线条表现应与下一步不规则砖纹线条的表达在质感上有所区分。

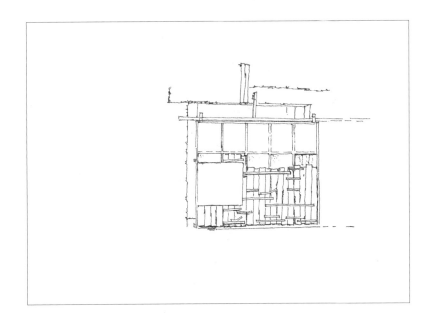

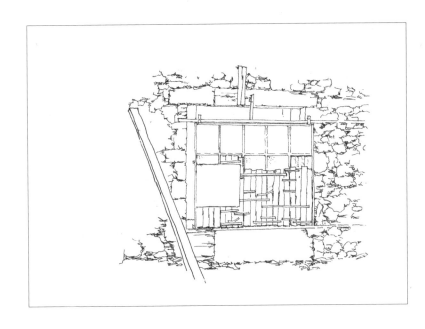

2. 画出与窗交界的周围砖纹。因砖为不规则的砖，所以交界处的砖纹形状应是随意且有深浅变化的，用笔线条应尽量区别出质感。

3. 画出其他部位的不规
则墙砖纹。用笔宜放松
自然，且注意透视关系。

4. 深化砖墙以外景物的
细节，并刻画质感，加
重暗部。

5. 根据整体画面的效果，深入刻画砖墙的
体积质感和明暗关系，并完成整个画面。

其他不规则形态墙面图例：

建筑屋顶的画法

3.

　　建筑屋顶是建筑构造的重要组成部分，其样式直接决定着整个建筑的风格特征。无论古今中外，纵观历史，建筑屋顶已经成为不同地域文化的象征。而在建筑表现画中，建筑屋顶往往是画面表达的重点，直接决定着整幅画面的好坏。

　　构成屋顶的建筑材料有很多，常见的有钢板瓦、玻璃瓦、黏土瓦、琉璃瓦、西洋瓦、钢板拱顶、软膜篷顶等。不同结构形式的屋顶，采用的材料是不同的。我们在表现屋顶时，应根据不同的屋顶结构，尽量表达出屋顶的材料质感，同时要和画面的整体效果相协调。具体表现时，应根据建筑整体以及画面的艺术效果来决定刻画这些材料质感的深入程度。如表现平屋顶时，其表面材料往往是防水材料铺装，一般不表现表面质感和纹理效果，只体现明暗关系；而坡屋顶的砖瓦材料，就是要表现出屋顶的质感和肌理；对于曲面结构的建筑屋顶，还要表现出具有光感的现代结构特征。

　　下面就从常见的平屋顶、坡屋顶和曲面屋顶的结构形态，以步骤图例的形式详细阐述建筑屋顶的质感表现技法。

3.3.1 平屋顶的质感画法

平屋顶的结构形式，早期大多出现在干旱少雨的地区，如我国西北、华北地区的民居建筑。其构造相对简单，适用于各种规则或不规则平面形式的建筑。随着科学技术的发展以及各种建筑结构和防水材料、排水系统等方面的技术进步，平屋顶已在不同气候地区和各种不同类型的建筑上广泛使用，是建筑屋顶形态的主要形式之一。

在表现此类形态的屋顶时，因表面材料的显现不突出，关注点应着重放在其形态的转折明暗关系上。具体刻画的深入程度，应根据整体画面的需要来调节。

基本作画步骤与方法如下：

1. 首先根据构图需要，画出画面中心的平顶建筑。此时应关注建筑结构的透视要准确，线条要肯定。

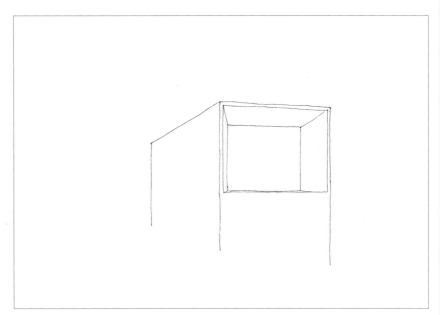

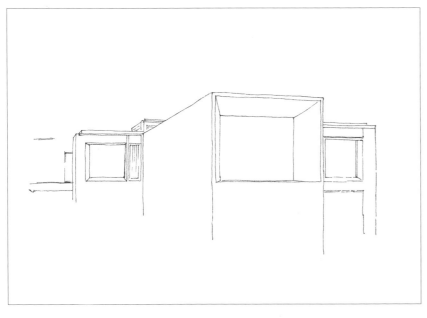

2. 继续画出中心建筑周围的平顶建筑，注意比例关系和透视。

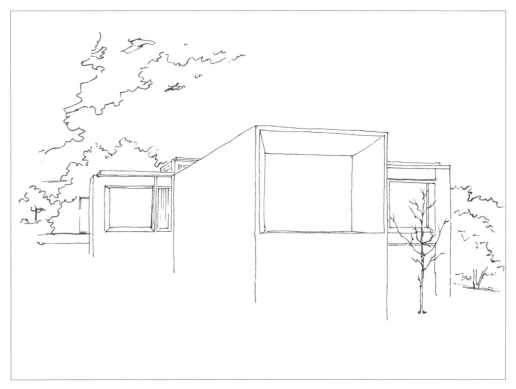

3. 画出建筑周围的植物。线条应与建筑有所区别，宜放松、自然，并以曲线表达。

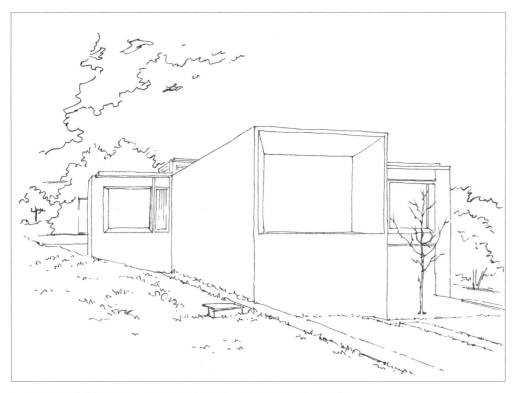

4. 画出地面，注意透视关系。有选择地画出草丛，以便表现后续的明暗关系。

5.继续深化细节，并表达出各种景物的明暗关系。表现明暗关系时要注意不要面面俱到，应概括处理。根据画面整体关系的需要，该强调的地方一定要明确、肯定。

其他平屋顶图例：

3.3.2　坡屋顶的质感画法

坡屋顶是指屋面坡度较大的斜屋顶结构。广泛出现在古今中外的建筑形式中，是应用非常频繁的建筑屋顶结构。其形式主要有单坡式、双坡式、四坡式和折腰式等。其形态变化丰富，造型千变万化、瑰丽多姿。尤其在中国的古建之中，其已成为文化的符号特征。

坡屋顶的屋面材料较为丰富，有平瓦、波形瓦、琉璃瓦、小青瓦、简板瓦等种类。相较于平屋顶结构，坡屋顶的结构形式更加富有变化且有趣，其可视的屋面材料也更有可描绘刻画的地方。

在表现此类屋顶时，应尽量表现出屋面的材料构造形式和质感，同时应根据画面整体需要来刻画其用笔的疏密度。通常屋面不宜画满，应根据需要有虚有实。

基本作画步骤与方法如下：

1. 首先画出中心的建筑屋顶的轮廓，以确定构图，以便其他景物据此为参照来展开。注意屋顶的结构及对称关系。

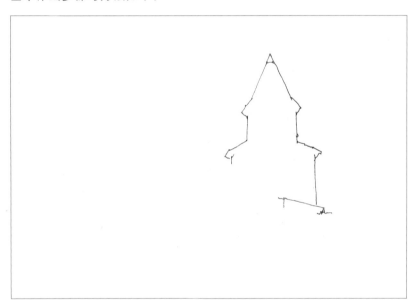

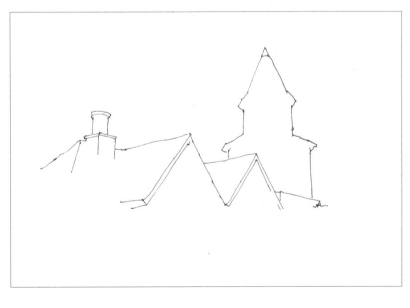

2. 画出其他建筑的坡屋顶轮廓。注意其屋顶坡面的倾斜度要符合透视关系，线条宜轻松、流畅。

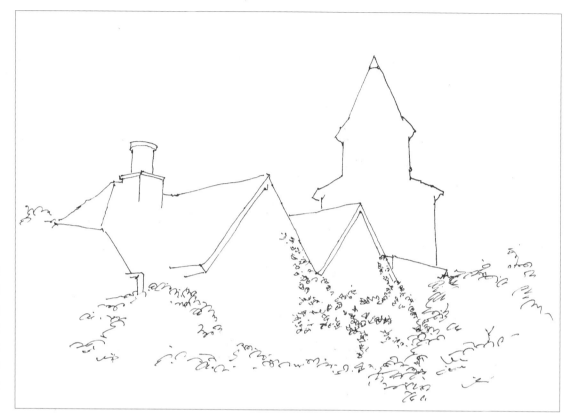

3. 根据整个画面的需要，画出建筑屋顶以外的植物大致轮廓。用笔可概括、抽象并随意，从而与建筑屋顶的线条有所区别。

4. 画出建筑的细节。尤其是屋顶的瓦片应有疏密变化，亮部的用笔线条应若隐若现，同时要注意瓦片线条的透视关系。

5. 加重暗部，深化明暗关系的处理，增强体积感。此时可以抛开实际景物，根据画面的最终需要来调整整个画面的黑白关系。

其他坡屋顶图例：

3.3.3　曲面屋顶的质感画法

曲面屋顶一般被用在大跨度的公共建筑上。其形态大多为曲面形，如球面、双曲抛物面等。屋顶主要由面层和承重结构两部分组成。现代的一些大跨度建筑多采用金属板作屋顶材料，这种结构具有十分良好的承载性能，能以很小的屋顶厚度承受相当大的重量。所以，在现代建筑中，利用对空间曲面的切削与组合，形成了许多奇特变幻和新颖别致的建筑造型。

因屋顶为曲面形，透视就成了表现的难点和重点。在表现此类形态的屋顶时，首先要尽量准确地表达曲面屋顶的形态透视。其次，根据画面整体的效果，尽可能地表达出材料质感。线条宜轻松、流畅。

基本作画步骤与方法如下：

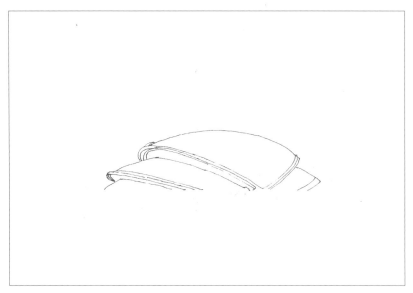

1. 首先画出曲面屋顶的形状，以确定其在画面构图中的位置。线条应流畅且有张力，以体现曲面屋顶的形状特征，同时力求屋顶透视的准确。

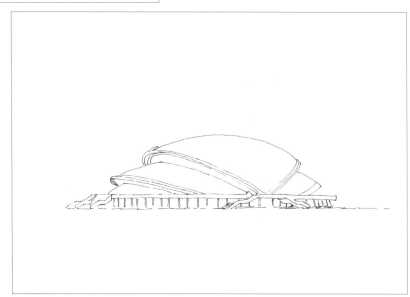

2. 接着画出建筑屋顶以外的结构。注意：对于结构的表达不需要过于关注细节。抓住大的建筑结构并注意相互之间的比例关系即可。

3. 画出建筑以外的配景。用笔应简洁、概括，尤其应注意人物配景的远近、透视关系。

4. 画出建筑的明暗体积关系和细节。此时应根据结构关系的转折来画明暗。屋面的线条应有间隔和虚实变化，以体现曲面屋顶的光感变化。

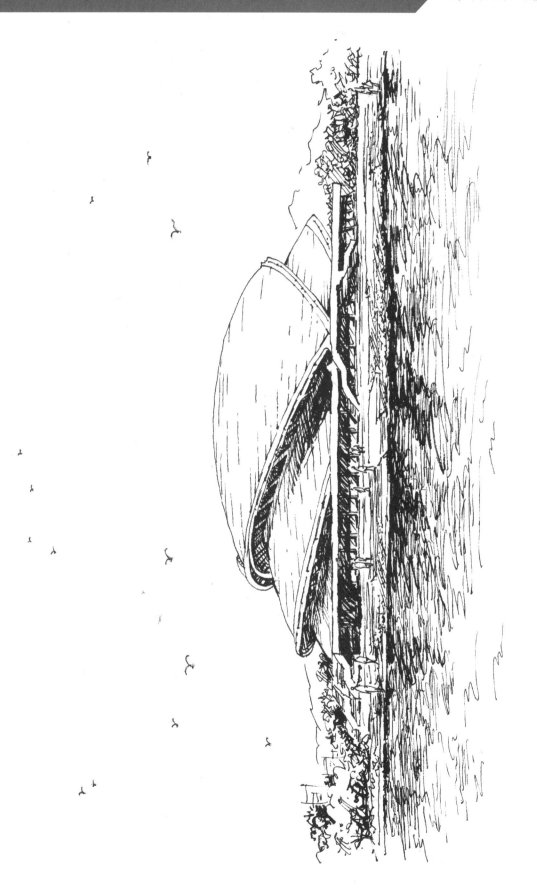

5. 根据整体画面的构图需要添加水景和天空中的景物，以增强画面的空间感，最终完善整个画面。

不锈钢材质的画法

作为金属材料的不锈钢，因其耐腐、耐酸以及表面光洁等特性，被广泛应用在建筑环境设计中。不锈钢的表面有点类似镜面；光洁度非常好，但反射的物体和镜面不同，其形状偏于模糊和变形。在具体作画时，环境中的物体不宜过多繁杂，要概括并抽象地表现，否则会显得零碎，并破坏不锈钢的体积感。不锈钢表面的明暗对比特别强烈，折射的暗面往往很深，与折射的亮面反差极大，亮面高光一般留白。表现明暗关系的线条，大多采用偏硬的直线来刻画，以显示金属的质感特性。

下面就以空间环境中的不锈钢雕塑为例，以步骤图例的形式详解不锈钢材料的表现技法。

基本作画步骤与方法如下：

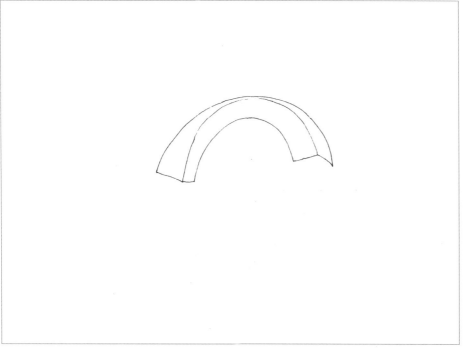

1. 首先画出构图中心的不锈钢雕塑上半部的位置及形状。此雕塑为上半部光滑，而下半部凹凸不平，从而形成表面肌理的对比。上半部线条用笔应尽量完整、流畅且极具弹性，以表达金属材质的光滑特性。

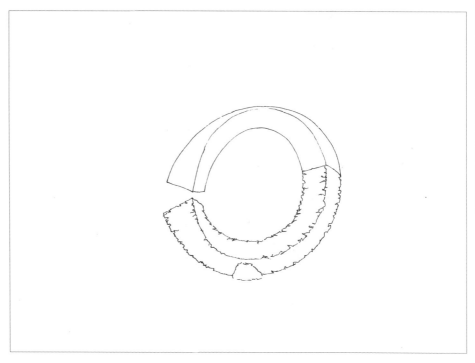

2. 接着画出雕塑下半部的形状。下半部的不锈钢为凹凸不平的表面肌理，线条用笔应表现出连续不平的外观特征。同时，还要注意其外形又是和上半部浑然一体的，用线时要注意和上半部的形状线条在气势上要贯通。

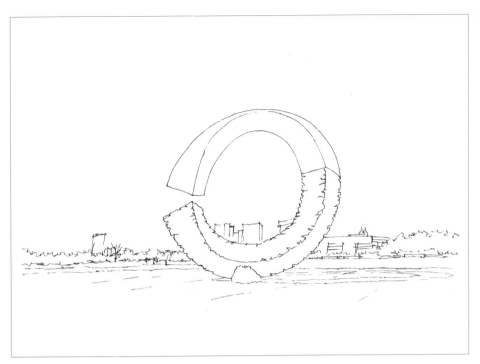

3. 画出地面和阴影，以及其他位置的景物形状，以增加画面整体的空间纵深感。此时应注意其他景物的形状大小应符合整个画面的透视规律。用笔时应尽量概括和放松，以便更好地衬托主体不锈钢雕塑的材质质感。

4. 深入细化不锈钢的材质表现，完成不锈钢雕塑及地面阴影的明暗体积关系的塑造。表现上半部的光滑部分时，暗部与高光的反差要加大，反光物的形状宜概括、肯定，以凸显不锈钢材质的反光特性。表现下半部毛面不锈钢时，应根据转折面的变化，通过不同形状线条的疏密表现，意象性地用笔来表现明暗变化和材质的凹凸不平感。

5. 最后画出其他景物的明暗变化。相对于主体景物，其他景物线条宜概括和随意。根据整个画面的
需要添加天空和地面的相关细节，以增强画面的空间感，最终完成整个画面。

大理石、花岗岩材质
的画法

3.5

　　大理石与花岗岩都属于自然石材，因其表面显露出的自然花纹和石材肌理，使人更有身处自然中的亲切感，被广泛地运用在建筑室内外的环境中。尤其大理石的花纹图案，更显变化多端，色彩也较丰富。花岗岩的花纹相对较为单一。材质上，花岗岩偏硬，辐射较强，多用于室外；大理石偏软，辐射较弱，多用于室内。

　　在具体表现建筑画的过程中，一般不必在意这两种材料的区别。对于石材花纹肌理的表现，不要过于详细和烦琐。要学会应用纹样的疏密分布，巧妙地表现石材界面的明暗过渡关系。但纹样肌理的走向，应符合不同界面的透视方向。纹样的线条用笔应自然、轻松，尽量做到纹理与明暗变化的自然融合。对于无花纹肌理的石材，可通过表面倒影和石材拼缝线的组合来表现石材的光洁度。画倒影时，要注意位置的准确，以及因物体远近距离的差异所产生倒影的明暗深浅变化，线条用笔宜挺直。无论是有花纹肌理的大理石，还是无花纹肌理的光洁花岗岩，都要注意石块拼缝线的表达应符合画面的透视规律，并根据画面整体明暗关系的需要，时隐时现地来表现石缝线。

基本作画步骤与方法如下：

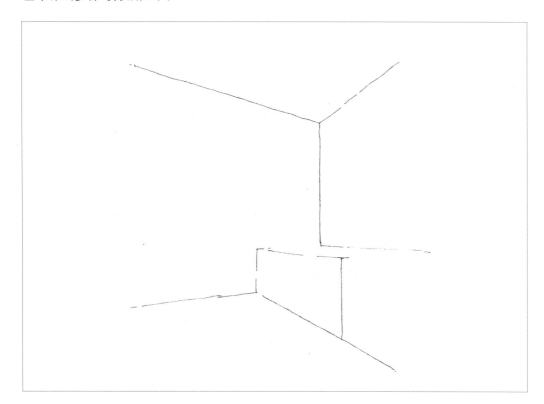

1. 根据构图和画面的内容，先画出房间的轴线，以确定画面的透视角度和未来所画内容的大致面积。

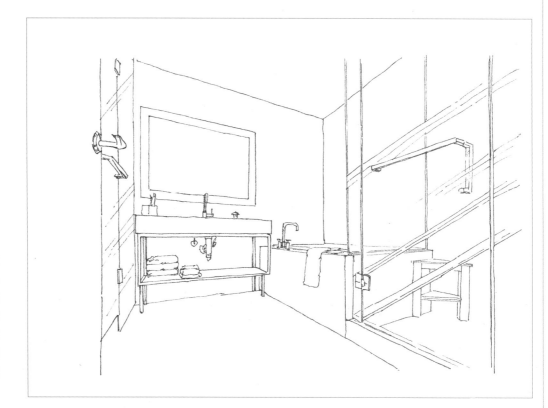

2. 先画出大理石、花岗岩石材以外的物体形状，同时注意玻璃材质的表达。这一步是下一步石材肌理表达的基础，石材肌理只有根据整体画面形状结构来布局纹理的疏密度。

3.根据整体画面的布局，画出石材的拼缝线。拼缝线的表达在不同的位置应有虚实和断续。虽然线条可以有虚实，但透视必须准确。

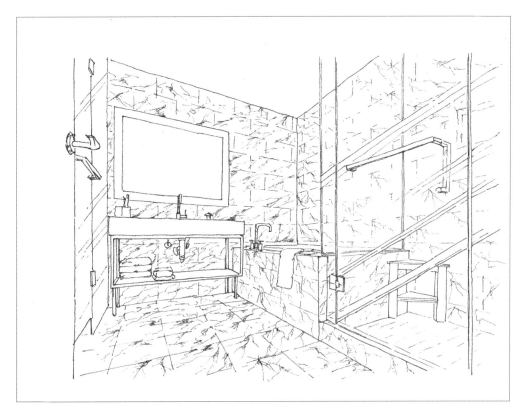

4.画出石材的纹理线。用线时应感受纹理的走向，并意象性地用笔。注意不宜画满，应根据整体画面的需要来调节纹理的疏密度，同时尽量表现出不同界面的纹理透视感。

5. 添加明暗关系，使整个画面有适当的立体感，最后完善细节。